Wälzlagergeräusche

Thomas Grüner

Wälzlagergeräusche

Eigenschaften von Wälzlagergeräuschen, deren Messung und Analyse Geometrie der Wälzlager und Eigenschaften des Wälzlagergeräuschs

Springer Vieweg

Thomas Grüner
Schramberg, Deutschland

ISBN 978-3-662-63879-8 ISBN 978-3-662-63880-4 (eBook)
https://doi.org/10.1007/978-3-662-63880-4

Die Deutsche Nationalbibliothek verzeichnet diese Publikation in der Deutschen Nationalbibliografie; detaillierte bibliografische Daten sind im Internet über http://dnb.d-nb.de abrufbar.

Planung/Lektorat: Markus Braun
Springer Vieweg ist ein Imprint der eingetragenen Gesellschaft Springer-Verlag GmbH, DE und ist ein Teil von Springer Nature.
Die Anschrift der Gesellschaft ist: Heidelberger Platz 3, 14197 Berlin, Germany

Vorwort

Das Buch beschreibt die Eigenschaften von Wälzlagergeräuschen. Das betrifft alle wichtigen Aspekte:

- Die Zustände von Wälzlagern: fabrikneu, durch treue Dienste gealtert oder künstlich an einer Stelle eines Ringes geschädigt.
- Die Betriebsart: Innenring rotiert oder Außenring rotiert.
- Die messtechnischen Gesichtspunkte.
- Die gemessenen Eigenschaften der Erregung durch Wälzlager.
- Die gemessene Prägung durch das Schwingungssystem, in welches das Wälzlager eingebaut ist.
- Das analytische Modell zur Geräuscherregung im Wälzlager.

Mit einer ganzen Reihe von Messungen werden die grundsätzlichen Eigenschaften von Wälzlagergeräuschen dargestellt. Dazu wird eine Anordnung benutzt wie sie tausendfach in der Industrie eingesetzt wird: ein klassischer Elektromotor. Eine Besonderheit ist ein Kugellagerpaar, welches lange Jahre gelaufen aber noch intakt ist. Es weist eine sogenannte regellose Schädigung auf. Die messtechnischen Gesichtspunkte werden anhand vieler Messungen beschrieben.

Das klassische Modell für die Entstehung des Wälzlagergeräuschs, wie es in der Standardliteratur dargestellt wird, wird diskutiert und mit Messungen verglichen. Der Modulationsansatz kann nicht von den Messungen bestätigt werden. Damit fehlt die Erklärung für große Teile des Wälzlagergeräuschs.

Die Erklärung liefert ein Wälzlager-Modell, das ab ca. 1965 von Tallian, T.E. und Gustafsson, O.G. [4] und Yhland, E.M. [5] (Literatur zu Kap. 3) vorgeschlagen wurde. Es hat bis in unsere Tage keinen Eingang in die Standardliteratur gefunden. Das Modell und seine Eigenschaften werden analytisch vorgestellt, dabei wird Anschaulichkeit vor Eleganz gestellt. Das Modell wird beispielhaft auf zwei Kugellager angewendet und die Übertragung auf Messungen vorgeführt. Bei diesen Messungen wird auch der untere Ordnungsbereich, der für die Präzision der Lagerung wichtig ist, diskutiert.

Ein besonderes Augenmerk wurde auf die Periodizität des Wälzlagergeräuschs gelegt. Hier liegt der Schlüssel, weshalb viele Autoren das Wälzlagergeräusch von fabrikneuen oder regellos geschädigten Wälzlagern als Zufallssignal sehen: wenn die Periodendauer eines Signals lag ist, ist die Periodendauer messtechnisch sehr schwer zu bestimmen.

Das Buch ist eine zuverlässige Hilfe, wenn man sich in das Sachgebiet der Wälzlagergeräuschen einarbeiten will.

In diesem Buch findet man viele Methoden nicht, die in der Zustandsüberwachung (condition monitoring) von Maschinen eingesetzt werden. Z. B. bricht der Vorschlag die Beschleunigung im Resonanzbereich des Sensors zu messen das Herz des Messtechnikers (die Größe des Signals hängt stark von der Dämpfung des Schwingungssystems Sensor ab). Die Methoden, die aus der gleichgerichteten Hüllkurve des Messsignals die Eigenschaften der beteiligten Wälzlager herauslesen, übersteigen die analytischen Fähigkeiten des Verfassers. Dafür ist auch das Cepstrum ein Beispiel: aus einem Zeitsignal wird per Fourier-Reihenentwicklung ein Spektrum berechnet, dieses logarithmiert und davon per Fourier-Reihenentwicklung ein Spektrum (= das Cepstrum) bestimmt. Bei manchen Autoren hat man zudem den Eindruck, sie erfinden für jeden Anwendungsfall eine eigene Analysemethode. Leser, die sich für die speziellen Methoden der Zustandsüberwachung interessieren, finden in der Literatur ([1], [5], [7], Kap. 2) mehr Informationen.

2021 Thomas Grüner

Inhaltsverzeichnis

Eigenschaften von Wälzlagergeräuschen, deren Messung und Analyse

1

Zusammenfassung

In diesem Kapitel werden die Eigenschaften von Wälzlagergeräuschen beschrieben. Eng damit verbunden sind die Messwerterfassung und die Analysemethoden. Die wichtigste Analysemethode ist die Frequenzanalyse also die Übersetzung vom Zeitbereich in den Frequenzbereich per Fourier-Reihenentwicklung. Die Betriebsart des Messobjekts hat großen Einfluss darauf, welche Eigenschaften des Wälzlagergeräuschs man erkennen kann. Wann immer es möglich ist, sollte man Wälzlagergeräusche über eine gesamte Drehzahlrampe messen.

1.1 Messobjekt

Das Messobjekt für die Kugellagergeräusche ist ein Asynchron-Elektromotor, der von seinem Nutzer aus unbekanntem Grund verschrottet wurde (Abb. 1.1). Die Kugellager des Motors (an der Abtriebseite ein 6205, an der Lüfterseite ein 6204) wurden ausgewaschen und mit Petroleum geschmiert. Die vorgefundene Fettfüllung war intakt. Subjektiv hört man ein deutliches Kugellagergeräusch, das ein Mechaniker als nicht kritisch einstufen würde. Der Motor hätte im Hinblick auf die Kugellager noch mehrere Monate oder gar Jahre laufen können. Spätere Analysen haben gezeigt, dass die Geräusche überwiegend vom Kugellager an der Abtriebseite kommen. Dieses Verhalten ist für Elektromotoren typisch: An der Abtriebseite mit der höheren Belastung werden die Kugellager trotz höherer Tragzahl schneller geschädigt. Der Lüfter wurde ausgebaut

T. Grüner, *Wälzlagergeräusche*, https://doi.org/10.1007/978-3-662-63880-4_1

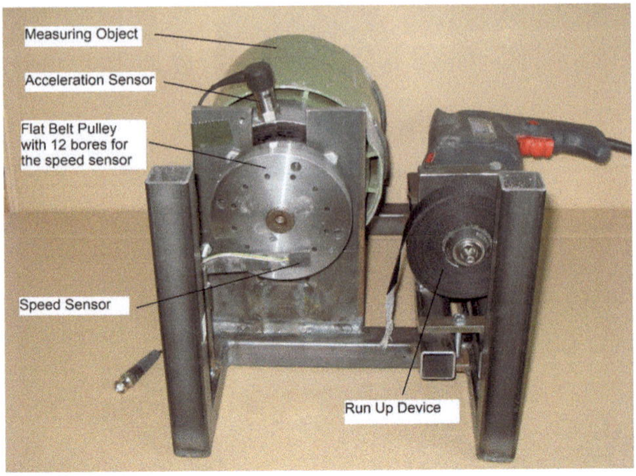

Abb. 1.1 Messobjekt in der Anordnung für feststehende Außenringe, mit Anwerfvorrichtung. Beschleunigungs-Sensor in der Position für die Messung der radialen Beschleunigung

(längere Drehzahlrampe, kein Rauschen durch turbulente Luft-Strömung). Für die vorliegende Untersuchung ist der Motor sehr geeignet: Die Kugellager wurden nicht künstlich geschädigt. Das Kugellager 6205 ist fast die einzige Geräuschquelle. Die Geräusche der beiden Lagertypen lassen sich untereinander und von den Wellenordnungen gut trennen.

Alle Messungen wurden im Auslauf gemacht (Abb. 1.2). Vor der Messung wird der Motor durch einen Bandantrieb auf Drehzahl gebracht. Das Band wickelt sich von der Flachriemenscheibe auf der Motorwelle ab und der Motor hat keine Verbindung mit dem Antrieb. Die Messung wird erst begonnen, wenn der Antrieb steht. Diese Methode des Antriebs ermöglicht es, für eine weitere Versuchsreihe die Welle des Motors festzuhalten und den Stator rotieren zu lassen (Abb. 1.4). Die Messung im Auslauf hat zusätzlich den Vorteil, dass keine Drehschwingungen von einem Antrieb eingeleitet werden. Der Motor selbst hat kein Rastmoment (cogging). Der langsam verzögerten Drehbewegung sind nur die Hin- und Her-Drehungen überlagert, die von den Kugellagern verursacht werden. Die instationäre Betriebsart wird im Abschn. 1.2 diskutiert.

Der Träger des Motors erlaubt Messungen mit horizontaler und mit vertikaler Welle. In der Anordnung für feststehende Außenringe werden 4 Positionen des Beschleunigungs-Sensors benutzt (Abb. 1.3). Die Position „Radial", in den Diagrammen mit „rad" gekennzeichnet ist die Standardposition.

Für die Drehzahlmessung bei feststehenden Innenringen wurde der Flansch des Motors mit 12 Ausfräsungen versehen (Abb. 1.5). Abb. 1.6 zeigt die Anordnung des Drehzahlsensors und die Position des Beschleunigungs-Sensors in axiale Richtung für feststehende Innenringe.

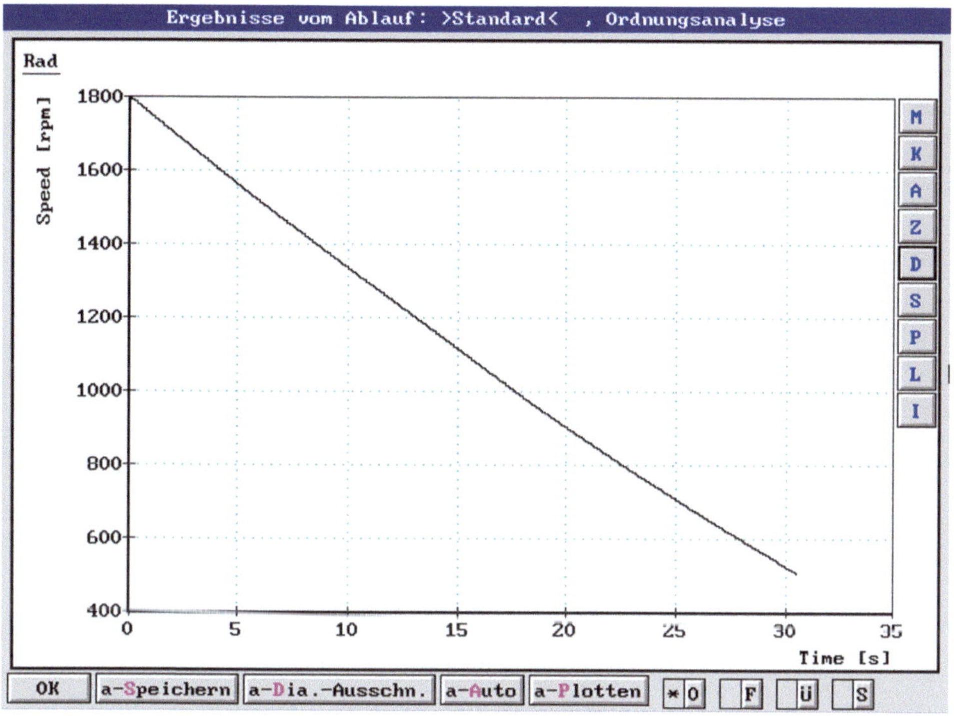

Abb. 1.2 Drehzahlverlauf, feststehende Außenringe

Abb. 1.3 Messobjekt in der Anordnung für feststehende Außenringe, Positionen des Beschleunigungs-Sensors

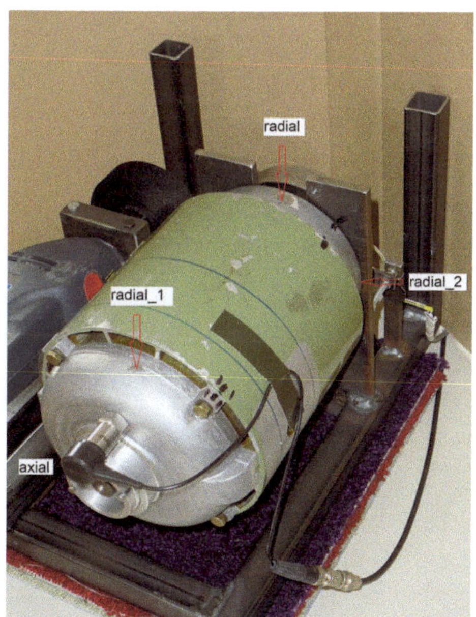

Abb. 1.4 Messobjekt in der Anordnung für feststehende Innenringe, Beschleunigungs-Sensor in der Position für die Messung der radialen Beschleunigung

Abb. 1.5 Ausfräsungen am Flansch für den Drehzahl-Sensor für die Anordnung für feststehende Innenringe

1.2 Messtechnik, Analysemethoden

Als Sensor wird ein Beschleunigungsgeber (Wilcoxon S100CS) mit der Empfindlichkeit 100 mV/g und einer maximalen Beschleunigung von 80 g verwendet. Die Drehzahl wird mit einem Infrarot-Reflextaster erfasst. Das Messsystem DGlab ist in der Lage Beschleunigung und Drehzahlimpulse völlig synchron zu verarbeiten, d. h. die Zeitblockerfassung für die FFT und für die Drehzahlimpulse beginnt und endet bei jedem Block gleichzeitig (Abb. 1.7).

Abb. 1.6 Messobjekt in der Anordnung für feststehende Innenringe, Beschleunigungs-Sensor in der Position für die Messung der axialen Beschleunigung

Die blockweise Verarbeitung des Zeitsignals zu FFT-Spektren beinhaltet eine Mittelung über das Zeitfenster. Wenn man mit zeitlich veränderlichen Drehzahlen z. B. in Drehzahlrampen wie im vorliegenden Fall, arbeitet ist es sehr wichtig die Drehzahl über dasselbe Zeitfenster zu mitteln. Dies gelingt nur, wenn man die Drehzahl direkt aus den digital erfassten Drehzahlimpulsen bestimmt. Alle analogen Vorverarbeitungen

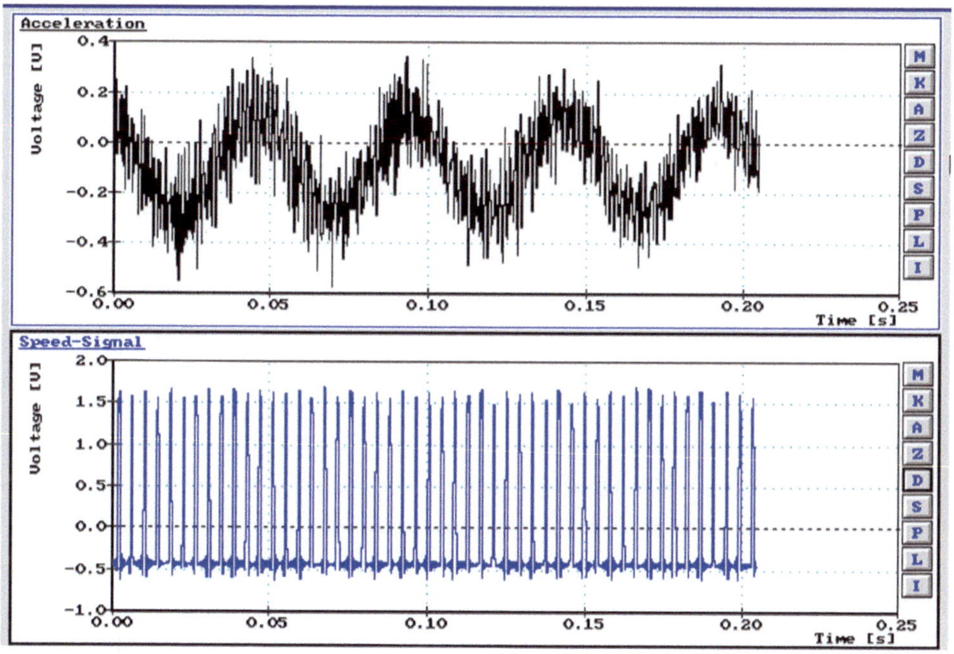

Abb. 1.7 Beschleunigung und Drehzahlimpulse, feststehende Außenringe

(z. B. Frequenz-Spannungs-Wandler + Tiefpass oder ein PLL-Verfahren) führen zu Mittelungen, die sich nur sehr schwer auf die Mittelung der FFT-Spektren umrechnen lassen. Wenn man ein Messsystem benutzt, das Beschleunigung und Drehzahlimpulse nicht völlig synchron verarbeitet, kann man nur bei sehr langsam veränderlichen oder noch besser bei konstanten Drehzahlen messen.

Eine Messanordnung für konstante oder sehr langsam veränderliche Drehzahlen bedingt einen Antrieb. Man muss damit zwei Probleme bewältigen: Störgeräusche und Drehzahlschwankungen die vom Antrieb oder von der Koppelung zum Messobjekt erzeugt und / oder übertragen werden. Wenn man bei vielen Drehzahlen messen will, was zu empfehlen ist, muss man für die Messungen viel Arbeitszeit opfern. Der große Vorteil bei der Messung bei konstanten Drehzahlen ist, dass man die Messungen bei eingeschwungenem System also im stationären Betriebszustand durchführen kann. Im stationären Betriebszustand schwingt das System nur in solchen Frequenzen die auch in den Erregungen enthalten sind (dabei wird – ohne Begründung – ein lineares Schwingungssystem vorausgesetzt). Im instationären Zustand kommt noch das Einschwingen hinzu, d. h. das System schwingt noch ein „bisschen" in allen Eigenfrequenzen. Um das „Bisschen" zu quantifizieren muss auf weiter unten vorgestellt Messungen und Analysen verwiesen werden. Abb. 1.17 zeigt gemittelte Ordnungsspektren. Gemittelte Ordnungsspektren kennzeichnen die Anteile das Signals, die periodisch sind und eine drehzahl-proportionale Periodendauer haben. Die Spitzen zeigen den stationären Anteil, der Sumpf kann eine Folge der instationären Betriebsart sein. Der typische Abstand von der Spitze zum Sumpf beträgt ca. 20dB also ein Faktor 10. In Versuchen mit höherer Frequenzauflösung steigen die Spitzen ein bisschen und der Sumpf wird wesentlich tiefer. Beim vorgestellten Versuchsaufbau mit den benutzen Versuchsbedingungen sind die stationären Schwingungsanteile typisch 50-mal so groß wie die instationären Anteile.

Als Fensterfunktion (Windowing) wird Blackman-Harris verwendet. Für den dB-Bezug der Schwingbeschleunigung wird die übliche Größe 10^{-6} m/s^2 benutzt d. h. 1 g entspricht ca. 140 dB.

Das Zeitsignal der Beschleunigung ist sehr komplex (Abb. 1.8). Die tieffrequente sinusförmige Schwingung mit der Periodendauer von ca. 0,05 s kommt von der Unwucht. In der Literatur findet man häufig Zeitsignale von Wälzlagergeräuschen, die aus einzelnen abklingenden Impulsen bestehen. Solche Signale erhält man manchmal, wenn der feststehende Ring eines Wälzlagers an einer Stelle stark geschädigt ist (siehe Abschn. 4.3). Im vorliegenden Fall ist das Kugellager durch treue Dienste gealtert. Die Beschleunigung aus der Unwucht liegt in der gleichen Größenordnung wie die Beschleunigung aus dem Kugellagergeräusch. Vergleicht man nicht die Spitzenwerte (Abb. 1.8), sondern die Effektivwerte, dann ergibt sich ein ähnliches Bild.

Abb. 1.9 zeigt 3 Frequenzspektren bei den Drehzahlen 600, 1000 und 1600 rpm. Vom kleinsten zum größten Signalanteil findet man einen Pegelunterschied von knapp 60 dB, das entspricht im linearen Maßstab einem Umfang von 3 Zehnerpotenzen. Ein solcher Dynamikumfang ist nur in einem logarithmischen oder einem dB-Maßstab darstell-

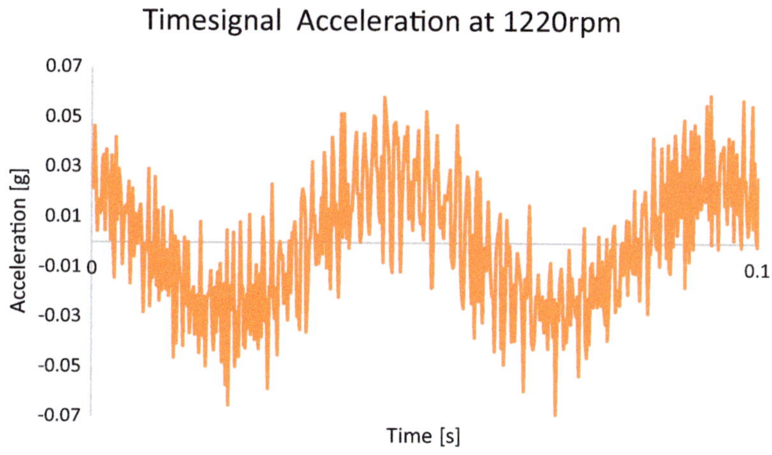

Abb. 1.8 Zeitsignal der Beschleunigung bei 1220 rpm, feststehende Außenringe

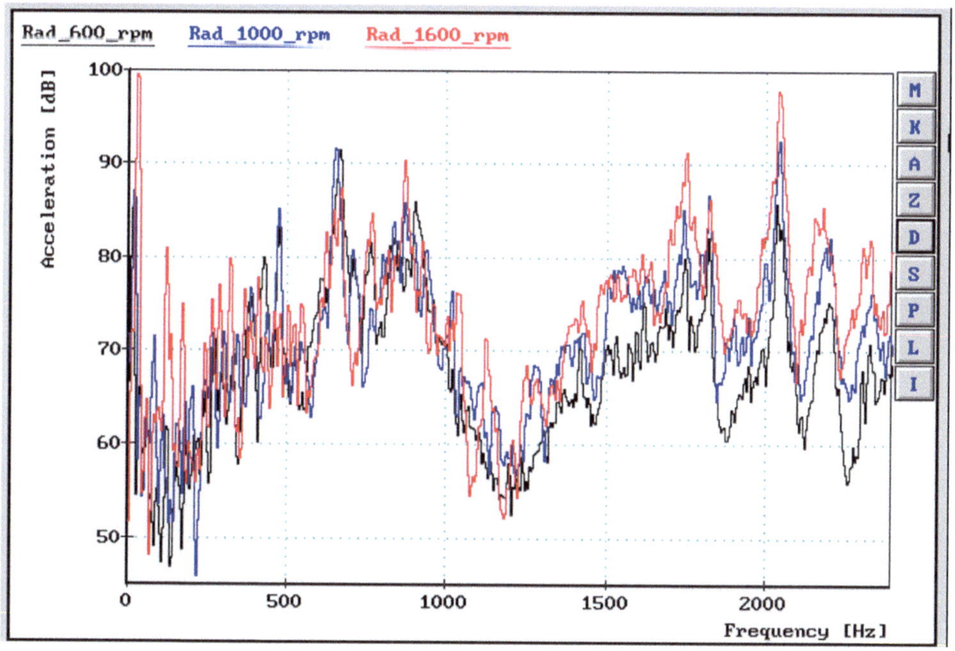

Abb. 1.9 Frequenzspektren der radialen Beschleunigung bei unterschiedlichen Drehzahlen, feststehende Außenringe

bar. Die 3 Frequenzspektren sehen im Großen Ganzen sehr ähnlich aus. Im Vorgriff auf später folgende Analysen sei hier schon bemerkt, dass die Resonanzen des mechanischen Systems alle 3 Frequenzspektren stark prägen.

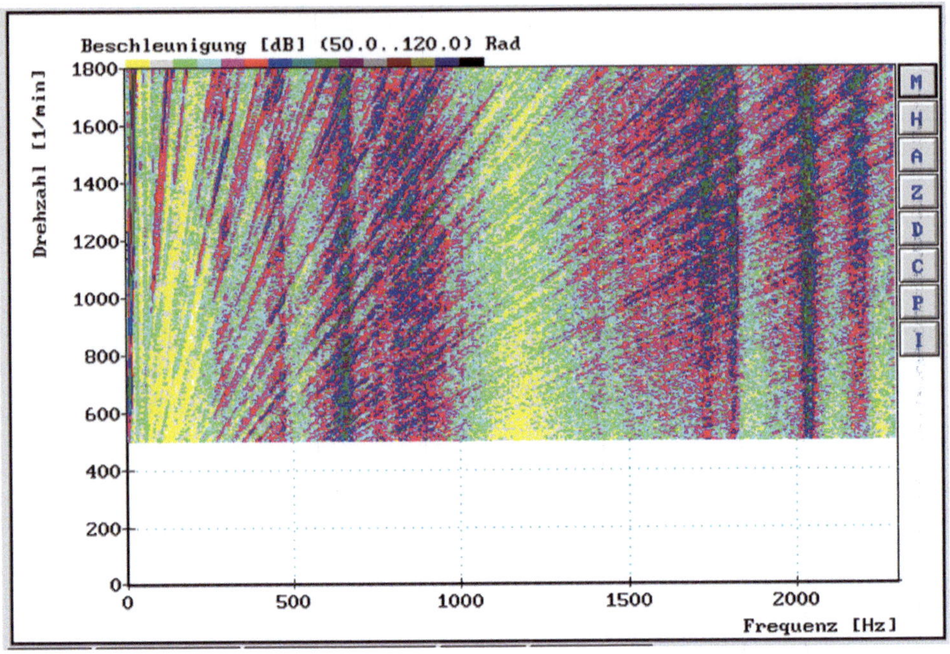

Abb. 1.10 Frequenzspektren der radialen Schwingbeschleunigung als Funktion von der Drehzahl, feststehende Außenringe

Abb. 1.10 zeigt in einer Farbdarstellung die Frequenzspektren einer kompletten Drehzahlrampe beginnend bei 1800 rpm und fallend bis 500 rpm. Die Stärke der Beschleunigung ist in einer Farbskala dargestellt: Pegel mit 50 dB werden gelb dargestellt, hohe Pegel mit 120 dB schwarz.

In Abb. 1.10 sind 2 Strukturen zu erkennen: Eine senkrechte Struktur bei konstanten Frequenzen und eine fächerförmige Struktur die aus Strahlen besteht, die vom Ursprung Frequenz 0 Hz und Drehzahl 0 rpm ausgehen. Die senkrechte Struktur beinhaltet die Resonanzen des mechanischen Systems. Die fächerförmige Struktur zeigt eine periodische Erregung mit spektralen Anteilen deren Frequenz proportional zu der Drehzahl wächst.

In Abb. 1.11 ist die Farbdarstellung der Frequenzspektren und das gemittelte Frequenzspektrum dargestellt. Das gemittelte Frequenzspektrum wurde über die ganze Drehzahlrampe gemittelt. Es zeigt qualitativ die Resonanzen des Systems, die vom Kugellagergeräusch angeregt werden und vom Sensor (gewählte Messstelle und Messrichtung) gemessen werden können. Die Eigenschaften der Erregung werden dann herausgemittelt, wenn viele Strahlen der Erregung über die Resonanzen wandern also ab etwa 300 Hz. Die Stärke der Erregung wird nicht herausgemittelt. Der Träger des Motors und auch die Anwerfvorrichtung haben Einfluss auf die Resonanzen des Systems. Insgesamt ist das Resonanzverhalten trotz einfachem Versuchsaufbau und eingeschränktem

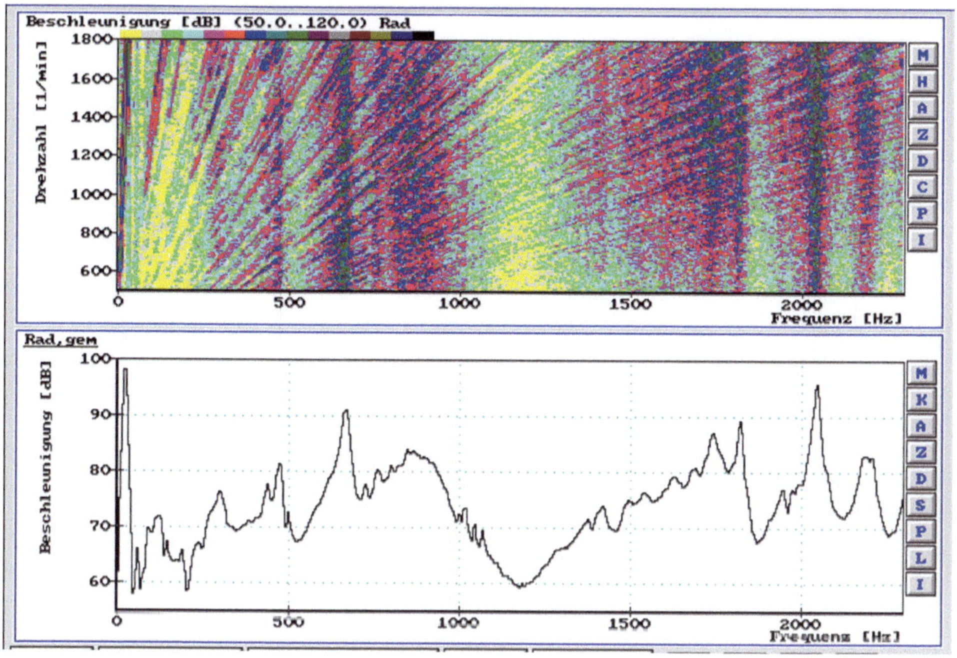

Abb. 1.11 Frequenzspektren der radialen Schwingbeschleunigung und gemitteltes Frequenzspektrum, feststehende Außenringe

Frequenzbereich (max. 2,2 kHz) sehr komplex. Wie nicht anders zu erwarten, ist der Resonanzverlauf von der Messstelle abhängig. Abb. 1.12 zeigt die gemittelten Frequenzspektren von 4 verschiedenen Messstellen.

Abb. 1.13 Zeigt einen Vergleich des gemittelten Frequenzspektrums mit feststehenden Außenringen und feststehenden Innenringen. Die Resonanzen der beiden Systeme unterscheiden sich sehr stark. Dabei muss berücksichtigt werden, dass die Messungen zwangsweise an unterschiedlichen Messstellen erfolgten

Gelegentlich wird in der Literatur die Ansicht vertreten, die Resonanz des (freischwebenden) Außenrings der Kugellager würde das Kugellagergeräusch prägen. Angesicht der komplexen gemittelten Frequenzspektren muss man vermuten, dass dies ein sehr einfaches Modell für ein sehr komplexes System ist.

Das gemittelte Frequenzspektrum zeigt qualitativ die Resonanzen des Systems. Es hat bei weitem nicht die Aussagekraft einer Übertragungsfunktion. Es ist nicht unabhängig von der Stärke der Erregung, es ist gemittelt aus unterschiedlichen Erregungen (unterschiedlicher Stärke) mit unterschiedlichen Übertragungsfunktionen zum Messpunkt.

Der große Pegelabstand von den Tälern zu den Spitzen (ca. 30dB das ist im linearen Maßstab ein Faktor von über 33) ist die Ursache für die Interpretations-Probleme die man hat, wenn nur Spektren von wenigen, verschiedenen Drehzahlen zur Verfügung

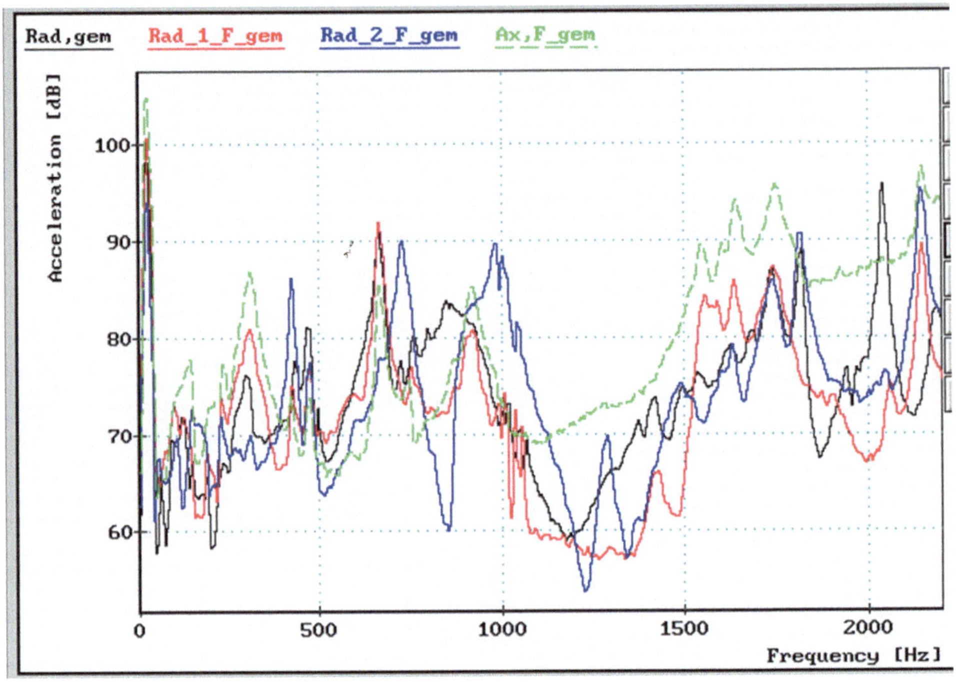

Abb. 1.12 Gemittelte Frequenzspektren der Schwingbeschleunigung an verschiedenen Messstellen, feststehende Außenringe

stehen. Er wird verursacht von der geringen Dämpfung der Messobjekte des klassischen Maschinenbaus. Salopp gesprochen: Weit und breit kein Gummielement.

In Abb. 1.14 ist die willkürliche Einheit „s" durch die systemeigene Zeit nämlich die Dauer für eine Umdrehung ersetzt. Sie ändert sich mit der momentanen Drehzahl z. B. erhält man bei 1500 rpm eine systemeigene Zeit von 1/25 s. Anders ausgedrückt ersetzt man die Frequenz durch die momentanen Drehfrequenz der Welle. Man geht von der Frequenzachse zur Ordnungsachse über. Entsprechend werden statt der Frequenzspektren die Ordnungsspektren dargestellt. Die ehemals fächerartige Struktur ist nun eine senkrechte Struktur. Die Resonanzen werden als Hyperbeln dargestellt.

Abb. 1.15 zeigt die Farbdarstellung der Ordnungsspektren und das gemittelte Ordnungsspektrum. Das gemittelte Ordnungsspektrum wurde über die ganze Drehzahlrampe gemittelt. Es zeigt qualitativ die periodischen Erregungen des Systems deren Grundfrequenz drehzahlproportional ist (ordnungsbezogen). Das nichtgemittelte Ordnungsspektrum bei einer Drehzahl ist in der Regel stark von den Resonanzen des Systems geprägt und gibt deshalb nur einen selektiven Blick auf die ordnungsbezogene Erregung (Abb. 1.16). Wenn man einen großen Drehzahlbereich betrachtet und die Resonanzen nicht ungünstig liegen erhält man mit dem gemittelten Ordnungsspektrum einen sehr guten Überblick über die ordnungsbezogenen Erregungen.

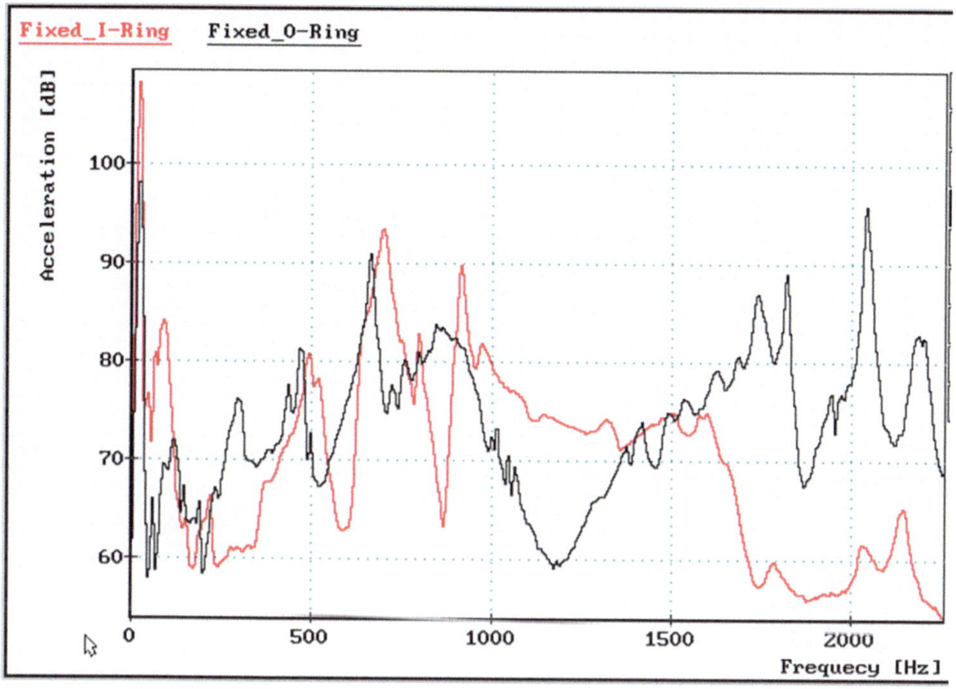

Abb. 1.13 Gemittelte Frequenzspektren der radialen Schwingbeschleunigung mit feststehenden Außenringen (Fixed_O-Ring) und feststehenden Innenringen (Fixed_ I-Ring)

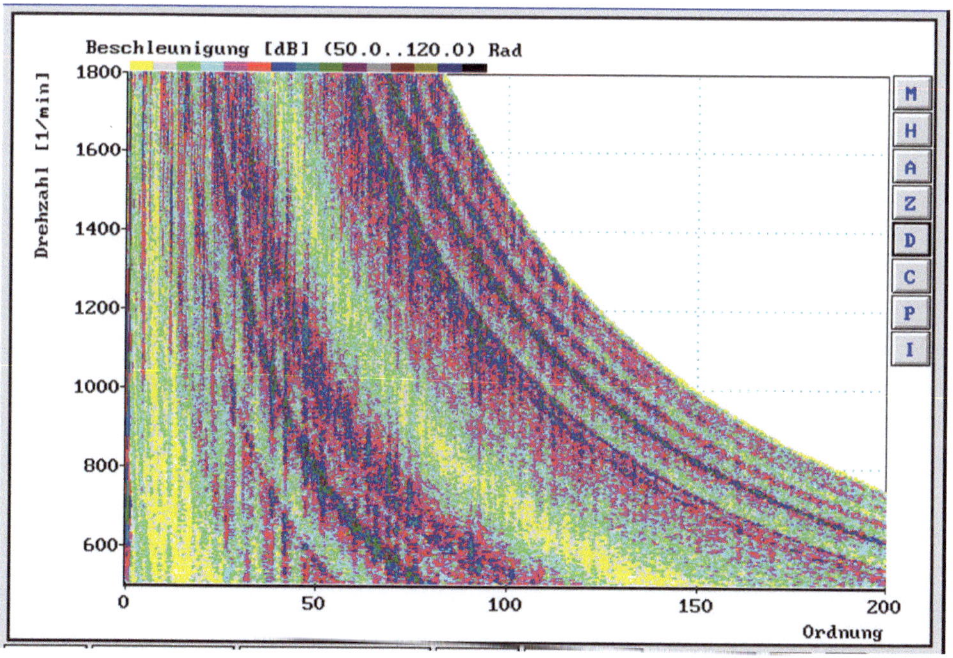

Abb. 1.14 Ordnungsspektren der radialen Schwingbeschleunigung, feststehende Außenringe

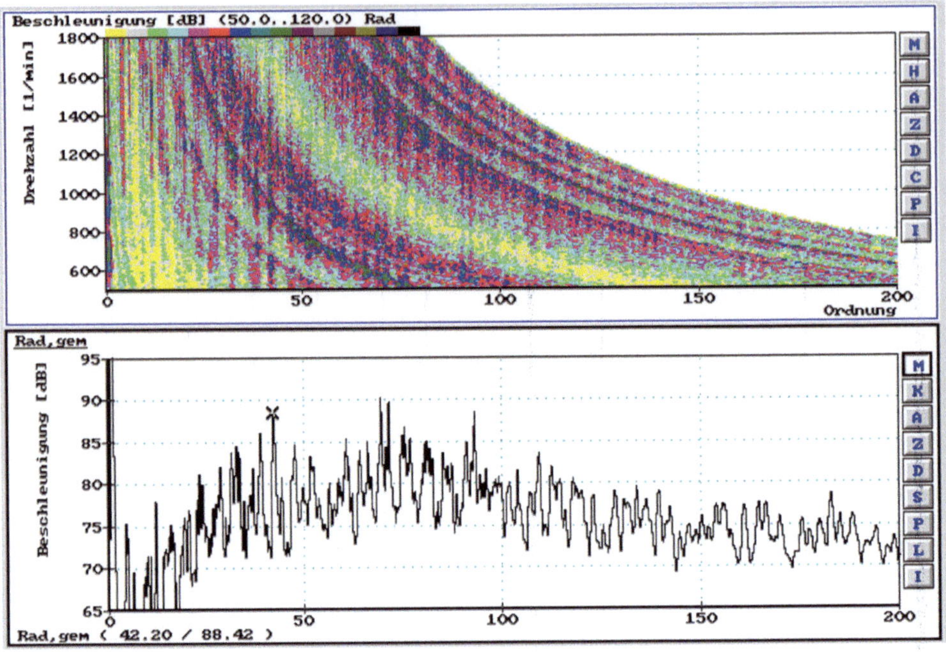

Abb. 1.15 Ordnungsspektren der radialen Schwingbeschleunigung und gemitteltes Ordnungsspektrum, feststehende Außenringe

Mit wachsender Ordnung (ab ca. 80) werden die Ordnungsspektren aus einem sinkenden Drehzahlbereich gemittelt (Abb. 1.15). Dadurch fallen auch die Pegel. Die fallenden Pegel sind eine Eigenschaft der Mittelung, nicht des Signals. Für einen besseren Überblick werden die hohen Ordnungen trotzdem dargestellt.

Auch das gemittelte Ordnungsspektrum ist von der Wahl der Messstelle abhängig. Abb. 1.17 zeigt gemittelte Ordnungsspektren von 4 verschiedenen Messstellen.

In der klassischen Ordnungsanalyse bewegt man sich entlang einer Ordnung durch die Drehzahlrampe. In Abb. 1.15 ist die Ordnung 42,2 markiert. In Anlehnung an die amerikanische Schreibweise wird die Ordnung 42,2 auch als 42,2X geschrieben. Bei der Ordnungsanalyse bewegt man sich durch die Farbdarstellung in Abb. 1.14 und 1.15 senkrecht durch die Drehzahlrampe (entsprechend in Abb. 1.10 auf einem Strahl). Abb. 1.18 zeigt das Ergebnis. Auch hier findet man eine außerordentliche Dynamik von 40 dB (2 Zehnerpotenzen). Wären im Messsignal deutliche Rauschanteile (des mechanischen Systems oder der Messkette) enthalten, wären die Senken bei 700 rpm und 1700 rpm mit Rauschen gefüllt. D. h. die Messkette ist clean.

Die Ordnungsanalyse 42,2X hat einen festen Bezug zwischen Drehzahl und Frequenz. In Abb. 1.19 ist sie gemeinsam mit dem gemittelten Frequenzspektrum über der Frequenz dargestellt. Der Verlauf der beiden Kurven stimmt im Großen Ganzen

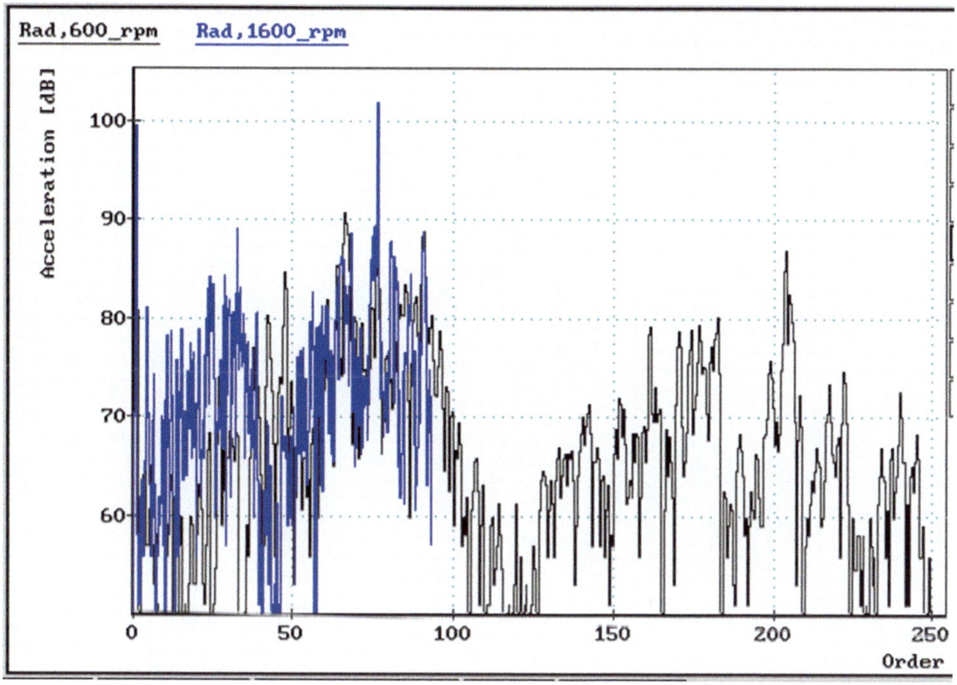

Abb. 1.16 Ordnungsspektren der radialen Schwingbeschleunigung bei 600 rpm und bei 1600 rpm, feststehende Außenringe

überein. Natürlich ist auch der Verlauf der 42,2X von den Resonanzen des Systems geprägt. Die 42,2X ist noch stärker strukturiert als das gemittelte Frequenzspektrum, dies zeigt eine Eigenschaft der Mittelung.

In Abb. 1.20 sind gemittelte Ordnungsspektren mit unterschiedlicher Bandbreite dargestellt. Die Blockgröße der FFT (1024) wurde beibehalten, so dass die gemittelten Ordnungsspektren mit der kleineren Bandbreite eine höhere Frequenzauflösung haben. Die in dieser Arbeit benutzte Standard-Bandbreite beträgt 2200 Hz. Sie wird im Diagramm schwarz dargestellt. Die Ordnung reicht bis zu 250X. Das Ordnungsspektrum mit der Bandbreite 4000 Hz ist blau dargestellt. Bei der 250X ist keineswegs Schluss. Die periodischen ordnungsbezogenen Signalteile reichen bis weit über 400X. Allerdings kann das zur Verfügung stehende Messsystem bei so hoher Bandbreite nicht mehr die erforderliche Frequenzauflösung bereitstellen.

Im unteren Ordnungsbereich stimmen die Verläufe der 4 Ordnungsspektren gut überein (Abb. 1.22). Die Ordnungsspektren mit der hohen Frequenzauflösung sind strukturierter, die Spitzen sind spitzer, die Täler tiefer. Sie geben das tatsächliche Verhalten besser wieder. Abb. 1.21 zeigt das Frequenzspektrum, das zum gemittelten Ordnungsspektrum mit der höchsten Frequenzauflösung Rad,gem_ff gehört.

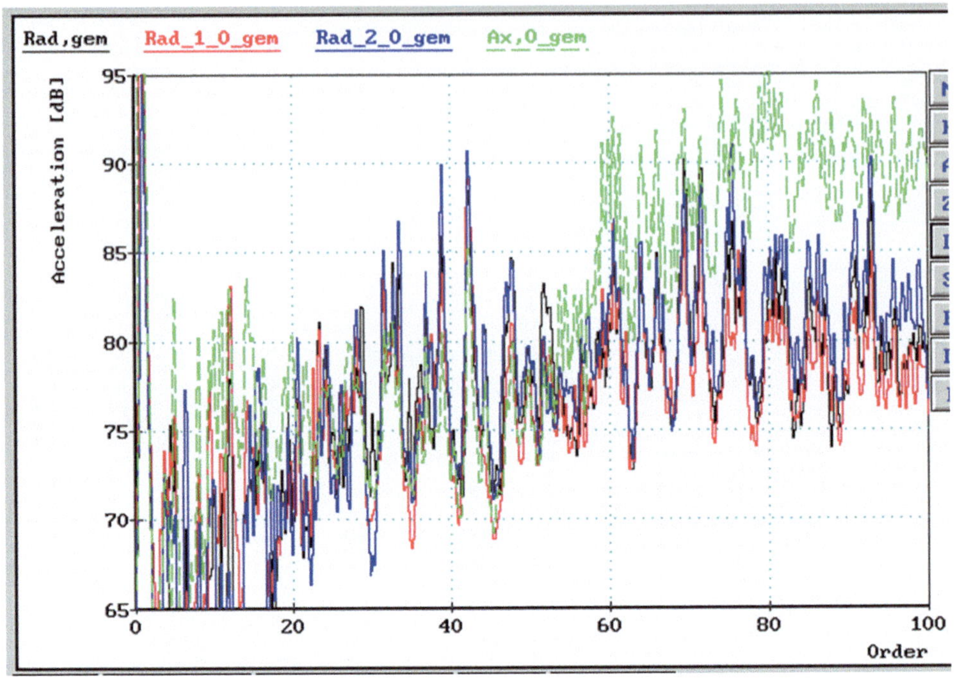

Abb. 1.17 Gemittelte Ordnungsspektren von verschiedenen Messstellen, feststehende Außenringe

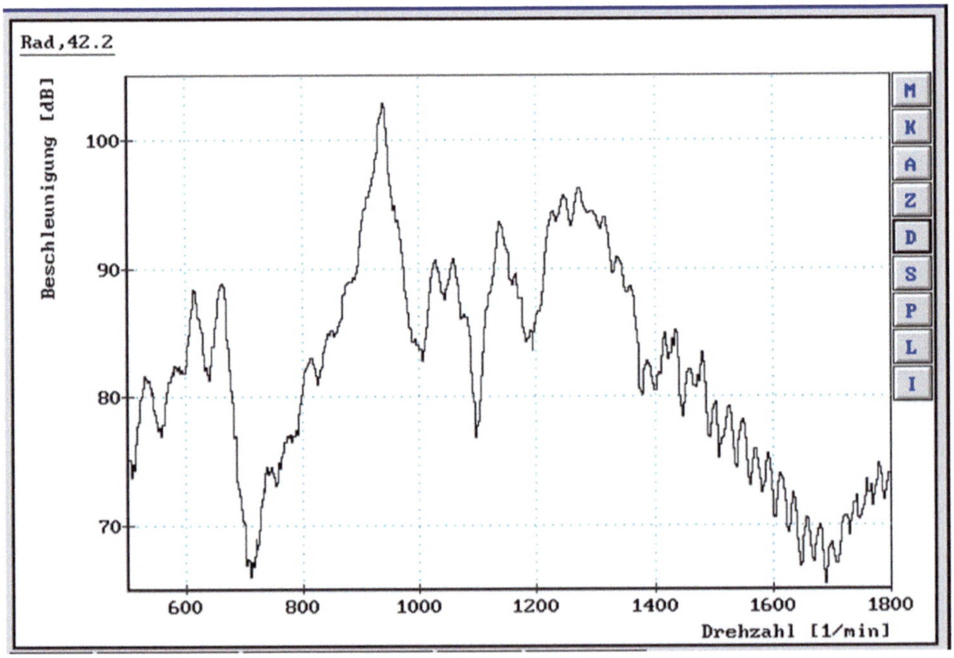

Abb. 1.18 Ordnungsanalyse 42,2X der radialen Schwingbeschleunigung, feststehende Außenringe

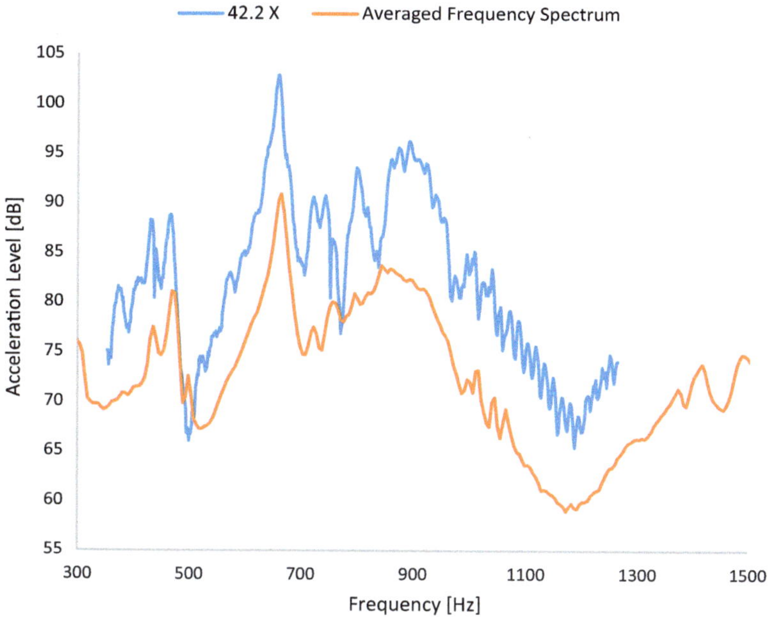

Abb. 1.19 Gemitteltes Frequenzspektrum und Ordnungsanalyse 42,2X der radialen Schwingbeschleunigung, feststehende Außenringe

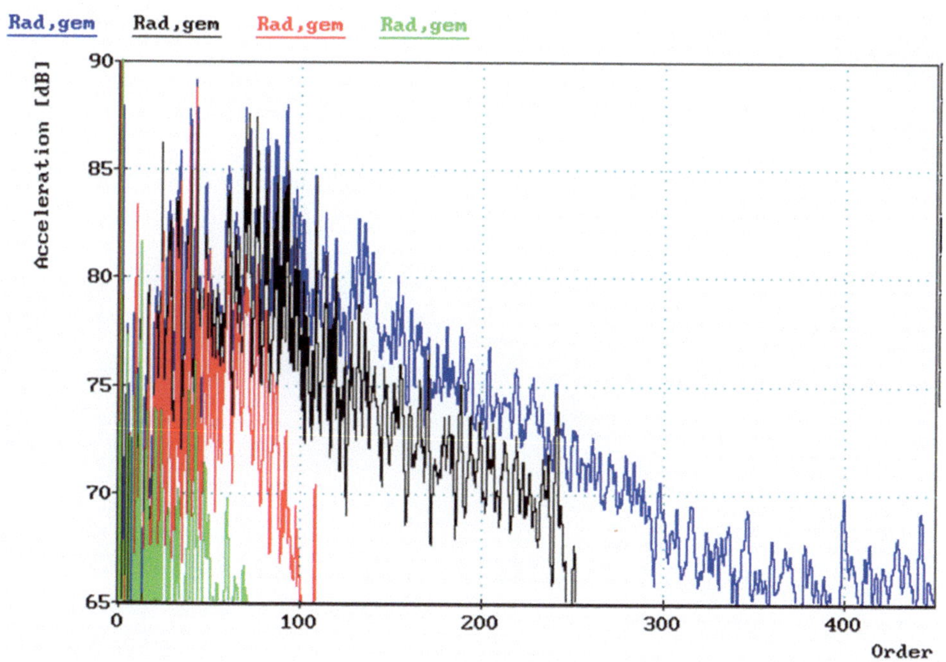

Abb. 1.20 Gemittelte Ordnungsspektren der radialen Schwingbeschleunigung mit unterschiedlichen Frequenzbereichen bzw. Frequenzauflösungen, feststehende Außenringe

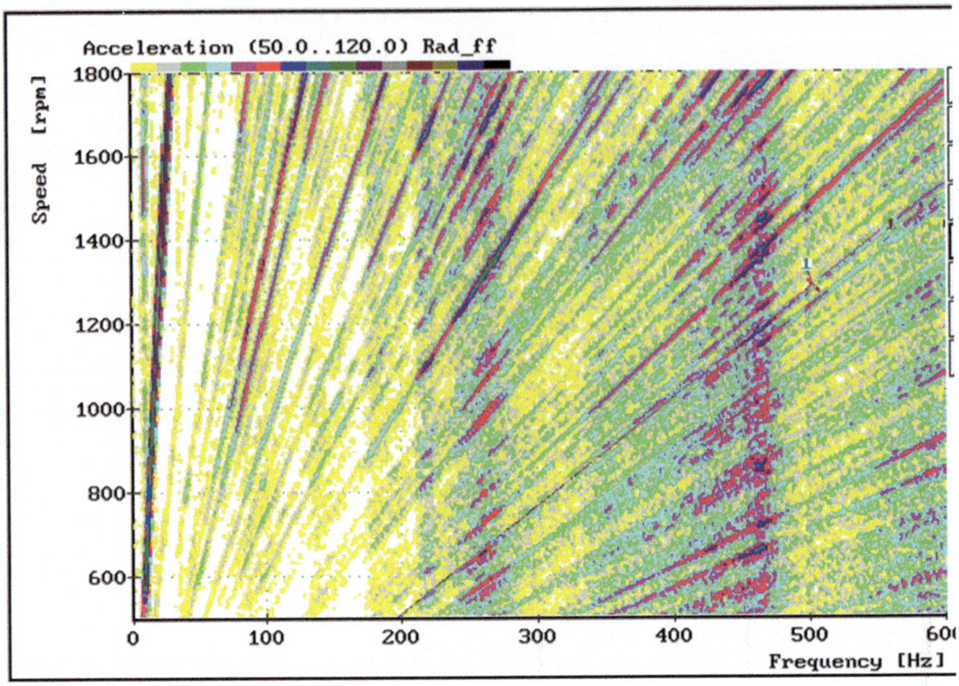

Abb. 1.21 Frequenzspektren der radialen Schwingbeschleunigung, gehört zu Rad,gem_ff, feststehende Außenringe

Das schwarze Ordnungsspektrum (Bandbreite 2200 Hz) wird im Folgenden überwiegend verwendet. Abb. 1.23 gibt einen Hinweis was sich unter der schwarzen Kurve verbergen kann.

Abb. 1.23 zeigt den periodischen, ordnungsbezogenen Charakter des Signals auch bei sehr tiefen Pegeln um 50 dB. Zwischen 40 und 45 dB erkennt man das Digitalisierungsrauschen (Bitrauschen) des Messsystems.

Die Schwingungen, die durch ein regellos geschädigtes Wälzlager erzeugt werden, sind periodisch und ordnungsbezogen (mit drehzahlproportionaler Frequenz). Diese

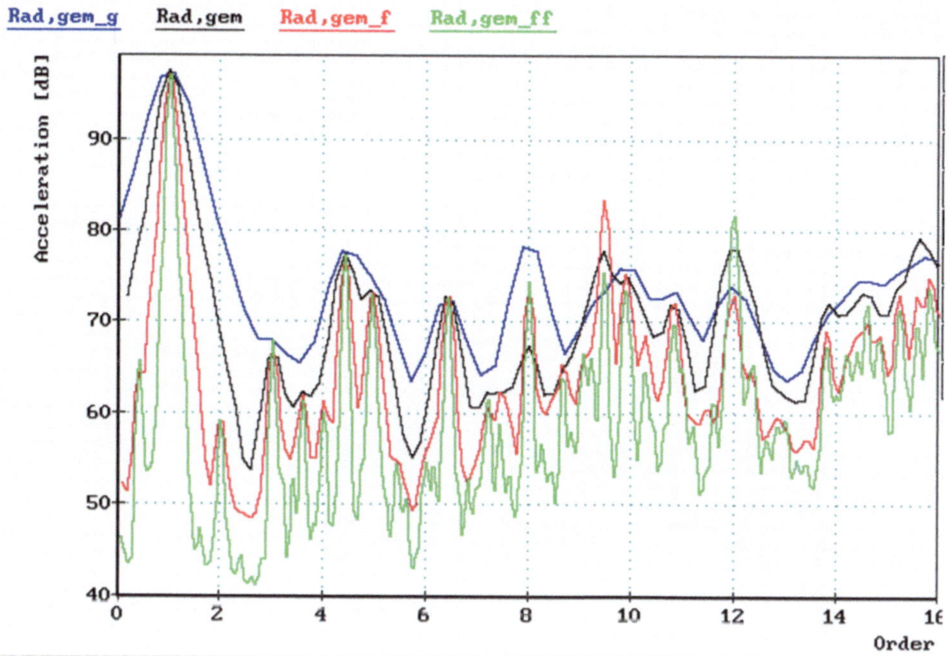

Abb. 1.22 Gemittelte Ordnungsspektren der radialen Schwingbeschleunigung mit unterschiedlichen Frequenzauflösungen, feststehende Außenringe

Behauptung steht gegen eine große Zahl anderslautender Ansichten, die in der einschlägigen Literatur zu finden sind. Als prominenter Vertreter sei hier die VDI-Richtlinie 3832 vom April 2013 (Abschn. 7.4) [1] genannt. Eine moderne Tendenz ist der Versuch im Zeitbereich die „Rauschanteile" zwischen den Überrollungen wegzurechnen [2]. Der Verfasser hat für eine Reihe von Beispielen den periodischen, ordnungsbezogenen Charakter gezeigt [3].

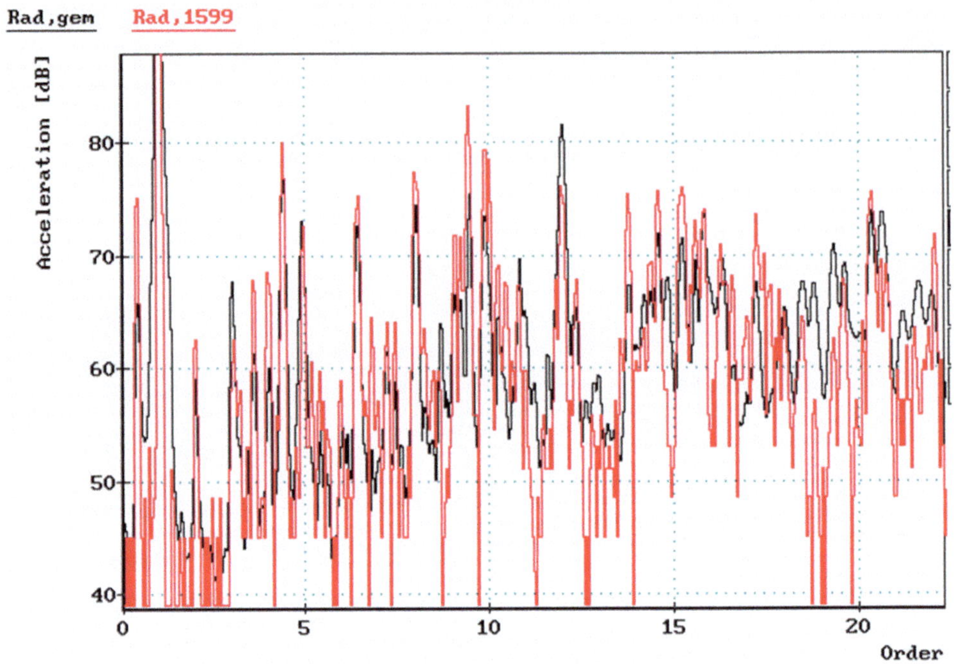

Abb. 1.23 Gemitteltes Ordnungsspektren und Ordnungsspektrum bei 1599 rpm der radialen Schwingbeschleunigung bei einer Bandbreite von 600 Hz, feststehende Außenringe

Literatur

1. VDI Richtlinie 3832. April 2013. Körperschallmessungen zur Zustandsbeurteilung von Wälzlagern in Maschinen und Anlagen. Beuth Verlag, Berlin
2. Merdane, Hamdullah, Reza Golafshan, Kenan Sanliturk Noise elimination for vibration-based rolling bearing faultdiagnosis. April 2016 Conference: Bearing World, Volume 1. Hanover, Germany.
3. Grüner, Thomas Wälzlagergeräusche, Ergebnisse der Messungen. Erschienen in „Antriebstechnik“ 11 vom November 1993

2 Klassisches Modell

Zusammenfassung

Weder bei „dem“ Standardwerk über Wälzlager [1] noch bei den Werken zur Zustandsbeurteilung von Wälzlagern (condition monitoring) [2–6] ist von einem Modell für die Geräuschentstehung in Wälzlagern die Rede. Das implizit enthaltene „klassische Modell“ wird beschrieben. Beim klassischen Model erklärt ein Modulationsansatz wichtige Teile (Seitenbänder) des Wälzlagergeräuschs. Der Modulationsansatz konnte durch Messungen nicht bestätigt werden.

In der Standardliteratur ist in der Regel nicht von einem Modell für die Geräuschentstehung in Wälzlagern die Rede, weder bei „dem“ Standardwerk über Wälzlager [1], noch bei den Werken zur Zustandsbeurteilung von Wälzlagern (condition monitoring) [2–6]. Wenn in dieser Abhandlung vom klassischen Modell gesprochen wird, so wird dasselbe den Autoren der o. g. Standardliteratur vom Verfasser „untergeschoben“. Wenn man kein Modell beschreibt, bedeutet das nicht, dass man keines benutzt. In der Art, wie man die Geräuschentstehung in Wälzlagern bearbeitet, steck implizit ein Modell, in diesem Fall das klassische Modell.

Beim klassischen Model erklärt ein Modulationsansatz wichtige Teile (Seitenbänder) des Wälzlagergeräuschs. Das klassische Modell wird durch Messungen überprüft. Der Modulationsansatz konnte nicht bestätigt werden.

T. Grüner, *Wälzlagergeräusche,* https://doi.org/10.1007/978-3-662-63880-4_2

2.1 Klassische Modellvorstellung vom Wälzlagergeräusch

Am Anfang stehen die Überrollfrequenzen h der Wälzkörper über eine Macke auf dem

$$h_i = z * \frac{\omega}{2\pi} * \frac{d_m + D}{d_m} \quad \text{Innenring}$$

$$h_a = z * \frac{\omega}{2\pi} * \frac{d_m - D}{2d_m} \quad \text{Außenring.}$$

Schließlich die Frequenz mit der ein Macke eines Wälzkörpers den Innenring oder den Außenring trifft:

$$h_w = \frac{\omega}{2\pi} * \frac{d_m^2 - D^2}{D * d_m} \quad \text{Wälzkörper, Kugel}$$

$$h_k = \frac{\omega}{2\pi} * \frac{d_m - D}{2d_m} \quad \text{Käfig Drehfrequenz}$$

Dabei bedeutet: $\omega = konst$ Kreisfrequenz des Innenrings, der Außenring steht.

Z Zahl der Wälzkörper.
d_m Teilkreisdurchmesser der Wälzkörper.
D Durchmesser der Wälzkörper.

Entsprechend erhält man im Ordnungsbereich

$$o_i = z * \frac{d_m + D}{d_m} \quad \text{Innenring}$$

$$o_a = z * \frac{d_m - D}{2d_m} \quad \text{Außenring.}$$

$$o_w = \frac{d_m^2 - D^2}{D * d_m} \quad \text{Wälzkörper, Kugel}$$

$$o_k = \frac{d_m - D}{2d_m} \quad \text{Käfig}$$

Es wird angenommen, dass die Überrollfrequenzen die Grundfrequenzen periodischer Vorgänge sind, die das Wälzlagergeräusch erzeugen. Das Wälzlagergeräusch besteht dann aus Komponenten mit eben diesen Periodizitäten. Die Periodizität erfordert, dass die Vorgänge von Periode zu Periode gleich sind. Dieser völlig trivialen Forderungen kann man nur Bedeutung geben, wenn man den periodischen Vorgängen Eigenschaften gibt, sonst kann man die Gleichheit von Periode zu Periode nicht feststellen. Hier wird vorgeschlagen, dass man periodische Kräfte und Momente, die zwischen den Wälzkörpern und den Ringen wirken, benutzt. Im Folgenden ist oft nur von den periodischen Kräften die Rede, dabei sind aber immer auch die periodischen Momente gemeint, aber nicht explizit hingeschrieben. Die periodischen Kräfte (und Momente) sind die Erregungen für das Wälzlagergeräusch.

Die Periodizität verlangt jetzt, dass die periodischen Kräfte (und Momente) von Periode zu Periode mit der gleichen Größe am gleichen Ort in die gleiche Richtung wirken. Bei einer Macke auf dem bewegten Ring und bei Macken auf den Wälzkörpern muss man Anteile der Kräfte und Momente vermuten, die in Ort und Richtung von Überrollung zu Überrollung nicht gleich sind. Das klassische Modell gibt nur die Teile der Wälzlagergeräusche wieder, die von periodischen Kräften und Momenten erzeugt werden, die von Periode zu Periode mit der gleichen Größe am gleichen Ort in die gleiche Richtung wirken. Bitte beachten Sie, dass dieser Schluss von der „untergeschobenen“ Annahme kommt, die periodischen Vorgängen seien von dem Verlauf von Kräften und Momenten gekennzeichnet. Die Autoren des klassischen Modells sehen diese Einschränkungen nicht.

Die periodischen Kräfte kann man in eine Fourier-Reihe entwickeln [7]. Zur Vereinfachung werden der konstante Teil (die eigentliche Nutzkraft) und die Phasen zwischen den sinusförmigen Komponenten weglassen:

$$f(t) = \sum_{i=1}^{\infty} \left(F_i \sin i\omega^* t\right)$$

ω^* ist zum Beispiel $2\pi h_i$ (Innenring).

Die erregende Kraft wird als Summe aus sinusförmigen Komponenten dargestellt. Für eine gegebene Drehzahl werden im Frequenzmuster die Frequenzpositionen dargestellt. Die Amplituden sind nicht bekannt und werden nur symbolisch dargestellt. Das entsprechende Ordnungsmuster gilt für alle Drehzahlen (Abb. 2.1). Für das gesamte Kugellager kommen die Ordnungsmuster des Außenrings und der Kugeln hinzu.

Implizit enthaltene Modellvorstellungen

Alle Autoren gehen von der Vorstellung aus, dass sich das Wälzlagergeräusch (verursacht von der Überrollung einzelner Macken) aus der Überrollfrequenz und den ganzzahligen Vielfachen der Überrollfrequenz zusammensetzt. Dies beinhaltet die Entwicklung in eine Fourier-Reihe. Die Entwicklung in eine Fourier-Reihe macht in der Regel nur Sinn, wenn das mechanische System auf eine sinusförmige Erregung mit der gleichen Frequenz sinusförmig antwortet (im stationären Fall). Es muss sogar gelten, dass eine sinusförmige Erregung keinen Einfluss auf die Systemantwort einer anderen sinusförmigen Erregung hat (Superpositionsprinzip). Schließlich muss dieses Prinzip auch für Erregungen verschiedener Herkunft (Innenring, Außenring, Wälzkörper, anderes Wälzlager) gelten. Kurz: das mechanische System muss linear sein, oder wenigstens sich in dieser Hinsicht wie ein lineares System verhalten. Mir ist kein Autor bekannt, der den Versuch unternommen hat die Linearität seines Wälzlager-Messobjektes nachzuweisen.

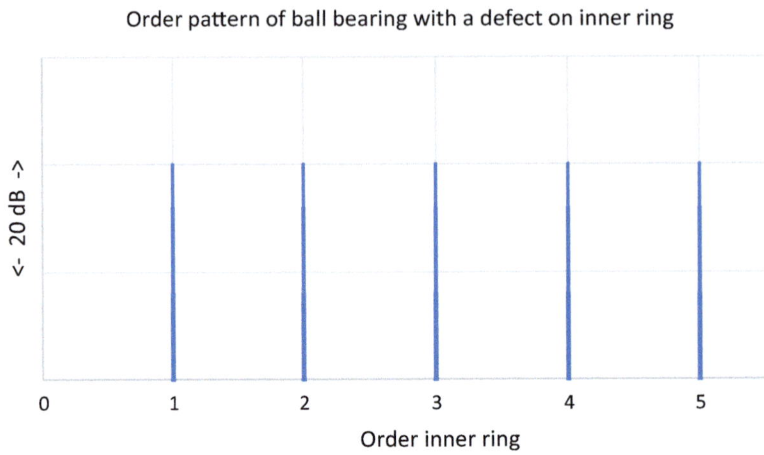

Abb. 2.1 Ordnungsmuster des Geräuschs eines Kugellagers mit einer Macke auf dem Innenring

2.2 Diskussion des klassischen Modells

Die Überrollfrequenzen werden für den ganzen Wälzkörpersatz berechnet. Damit hat man angenommen, dass alle Wälzkörper gleich sind. Im folgenden Abschnitt wird gezeigt, dass man damit auch angenommen hat, dass sich der überwiegende Teil des Wälzlagergeräuschs gegenseitig aufhebt.

In den Formeln für die Überrollfrequenzen über den Innenring und den Außenring steht die Zahl der Kugeln im Zähler. Wenn wir eine faule Kugel einbauen rutscht die Grundfrequenz am Beispiel des Innenrings von $h_i = z * \frac{\omega}{2\pi} * \frac{d_m+D}{d_m}$ nach $h_i = \frac{\omega}{2\pi} * \frac{d_m+D}{d_m}$. D. h. das Spektrum fängt bei einer niedrigeren Frequenz an und wird z-mal dichter.

Jetzt wird die Fourier-Reihe des ganzen Kugelsatzes aus den Fourier-Reihen der einzelnen Kugeln bestimmt. Die Fourier-Reihe der periodischen Kraft der einzelnen Kugel n = 0 sei

$$g(t) = \sum\nolimits_{i=1}^{\infty} \left(G_i \sin i \frac{d_m + D}{d_m} \omega t \right)$$

Die Amplituden G_i von einer einzelnen Kugel werden von den Amplituden F_i vom ganzen Kugelsatz unterschieden.

Die zweite Kugel kommt um $\Delta t = \frac{1}{h_i * z} = \frac{2\pi d_m}{z * \omega (d_m + D)}$ später.

Die n-te Kugel kommt um $\Delta t_n = \frac{n}{h_i * z} = \frac{2\pi n d_m}{z * \omega (d_m + D)}$ später

$$g_n(t) = \sum\nolimits_{i=1}^{\infty} \left(G_i \sin i \frac{d_m + D}{d_m} \omega (t - \Delta t_n) \right) \quad \text{Fourier} - \text{Reihe der Kugel n}$$

Wenn wir zunächst annehmen, alle Kugeln sind gleich erhalten wir als Gesamtkraft

$$g_{ges}(t) = \sum_{n=0}^{z-1} (g_n(t))$$

$$g_{ges}(t) = \sum_{n=0}^{z-1} \left(\sum_{i=1}^{\infty} \left(G_i \sin i \frac{d_m + D}{d_m} \omega(t - \Delta t_n) \right) \right)$$

Wegen der Linearität können wir die Summenzeichen tauschen

$$g_{ges}(t) = \sum_{i=1}^{\infty} \left(G_i * \sum_{n=0}^{z-1} \left(\sin i \frac{d_m + D}{d_m} \omega(t - \Delta t_n) \right) \right)$$

$$\sum_{n=0}^{z-1} \left(\sin i \frac{d_m + D}{d_m} \omega(t - \Delta t_n) \right) = \sum_{n=0}^{z-1} \left(\sin i \frac{d_m + D}{d_m} \omega t - \frac{2\pi in}{z}) \right)$$

Mit einer trigonometrischen Umformung trennt man die Phasen von den zeitabhängigen Anteilen:

$$\begin{aligned} \sum\nolimits_{n=0}^{z-1} \left(\sin i \frac{d_m + D}{d_m} \omega t - \frac{2\pi in}{z}) \right) &= \sin\left(i \frac{d_m + D}{d_m} \omega t \right) * \sum\nolimits_{n=0}^{z-1} cos\left(\frac{2\pi in}{z} \right) \\ &- \cos\left(i \frac{d_m + D}{d_m} \omega t \right) * \sum\nolimits_{n=0}^{z-1} \left(sin\left(\frac{2\pi in}{z} \right) \right) \end{aligned} \tag{2.1}$$

Die Summen der Phasen können dann bestimmt werden. Wenn z eine Primzahl ist ergeben sich besonders übersichtliche Verhältnisse. In Abb. 2.2 sind die Summanden für z = 7, für i = 1 und für i = 2 (rot) dargestellt. Die Summen werden zu Null. Bis i = 6 und wieder ab i = 8 erhält man dasselbe Bild. Für i = 7 bei z = 7 entartet die Abb. 2.2 zu Abb. 2.3. Alle Summanden landen auf der gleichen Stelle (z mal).

Die Summe $\sum\limits_{n=0}^{z-1} cos\left(\frac{2\pi 7n}{7}\right) = 7$, die Summe $\sum\limits_{n=0}^{z-1} \left(sin\left(\frac{2\pi 7n}{7}\right)\right) = 0$.

Mit

$$\sum\nolimits_{n=0}^{z-1} cos\left(\frac{2\pi in}{z} \right) = \begin{cases} = z \text{ für } i = l*z,\ l \text{ ganze Zahl} \\ = 0 \quad \text{sonst} \end{cases} \tag{2.2}$$

$$\sum\nolimits_{n=0}^{z-1} sin\left(\frac{2\pi in}{z} \right) = 0 \tag{2.3}$$

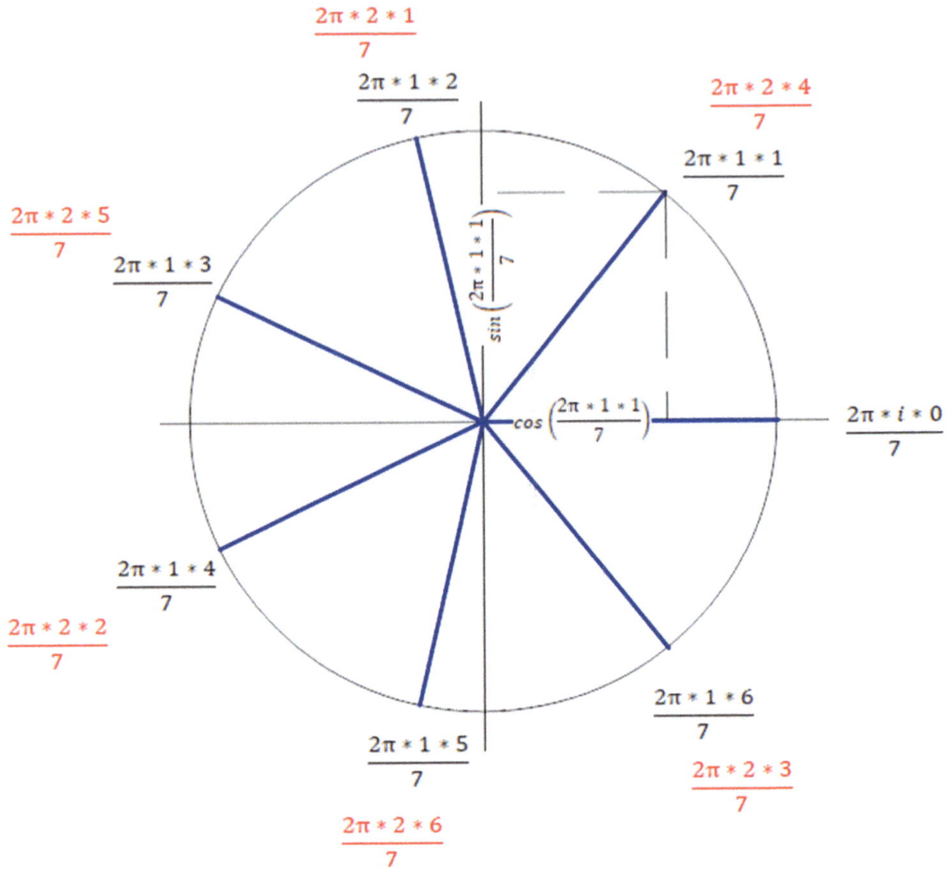

Abb. 2.2 Komponenten der $\sum_{n=0}^{z-1} cos(\frac{2\pi in}{z})$ und $\sum_{n=0}^{z-1} (sin(\frac{2\pi in}{z}))$ für z = 7, gezeichnet sind i = 1(schwarz) und i = 2 (rot) für n = 0…6

$$g_{ges}(t) = \sum_{i=1}^{\infty} z * G_i \sin\left(i\frac{d_m + D}{d_m}\omega t\right) \quad \begin{array}{l}\text{für i = l*z, l ganze Zahl}\\ = 0 \quad \text{sonst}\end{array}$$

d. h. $f(t) = g_{ges}(t),\ F_{i/z} = z * G_i,$ für i = l*z, l ganze Zahl > 0.

Wenn alle Kugeln gleich sind, löschen sich die meisten Ordnungen gegenseitig aus, bezogen auf die Grundfrequenz einer Kugel die 1X, 2X…. (z – 1)X, (z + 1)X, (z + 2)X,.. Es bleiben nur die Ordnungen übrig in der Grundfrequenz des Kugelsatzes und deren höhere Harmonische. Im Vergleich zu einer einzelnen Kugel sind die Amplituden des gesamten Kugelsatzes z mal höher.

Wenn man die Entwicklung in eine Fourier-Reihe für den gesamten Kugelsatz anwendet, verwendet man implizit das Modell der gegenseitigen Auslöschung. Natürlich glaubt kein vernünftiger Mensch, dass die gegenseitige Auslöschung vollständig

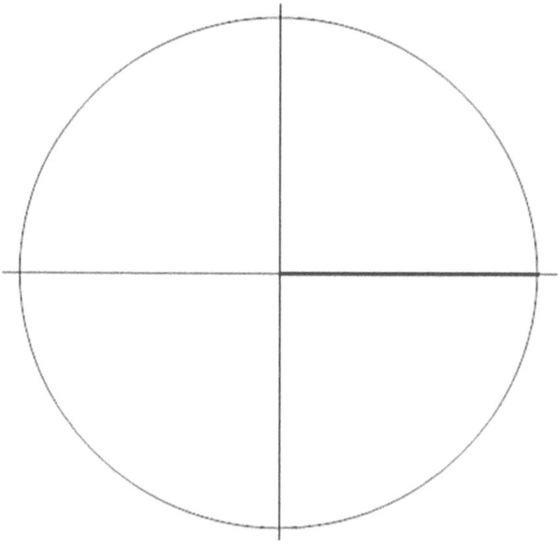

Abb. 2.3 Komponenten der $\sum_{n=0}^{z-1} cos(\frac{2\pi in}{z})$ und $\sum_{n=0}^{z-1} (sin(\frac{2\pi in}{z}))$ für z = 7, gezeichnet sind i = 7, 14, 21, … für n = 0…6

funktioniert. Die Kugeln sind nicht gleich, die Käfigteilung ist nicht perfekt, die Kugeln haben im Käfig Luft. Zur Abschätzung wird angenommen eine Kugel wäre faul. Am einfachsten nimmt man das Ergebnis des ganzen Kugelsatzes und zieht dann das Spektrum einer einzelnen Kugel ab. Für eine Macke auf dem Innenring erhält man Spektralanteile in der Grundfrequenz

$h_i = z * \frac{\omega}{2\pi} * \frac{d_m+D}{d_m}$ und deren ganzzahlige Vielfache. Von der faulen Kugel muss man Spektralanteile in der Grundfrequenz $h_i = \frac{\omega}{2\pi} * \frac{d_m+D}{d_m}$ und deren ganzzahlige Vielfache abziehen. Man erhält zwischen und unter den Überrollordnungen einen z-fach feineren Ordnungsteppich. Das Verhältnis der Amplituden ist ungefähr $z - 1$. Bei den meisten Kugellagern ist das weniger als 10. Für eine Abschätzung mag 10 gelten oder im dB-Maßstab −20 dB. Abb. 2.4 zeigt das entsprechende Ordnungsmuster für ein Wälzlager mit 8 Wälzkörpern. In diesem Fall sind die dargestellten Unterschiede der Amplituden zwischen Haupt- und Nebenordnungen vernünftig. In der Literatur findet man einerseits das gezeigte Spektrum einer faulen (off size) Kugel [8] andererseits Rechenverfahren, die die Geräuschanteile zwischen den Hauptordnungen wegrechnen [9], sie werden irrtümlich als störendes Rauschen angesehen.

Die Auslöschung der meisten Ordnungen, die eine einzelne Kugel erregt, funktioniert im Großen Ganzen. Die unterdrückten Ordnungen sind eine Größenordnung kleiner als die hervorgehobenen. Man kann davon ausgehen, dass die Ordnungen, die eine einzelne Kugel erregt, von Ordnungen der Welligkeiten der Oberfläche z. B. des Innenrings hervorgerufen werden. Daraus muss man schließen, dass das System Kugellager für die meisten Ordnungen der Welligkeiten des Innenrings taub ist (natürlich gilt dasselbe auch

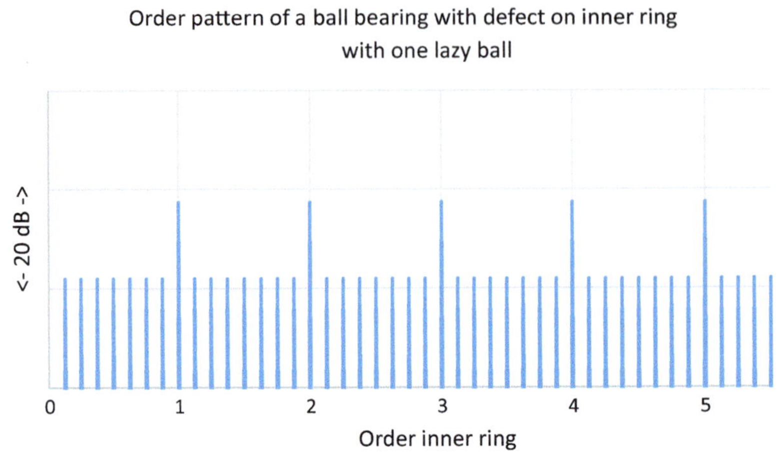

Abb. 2.4 Ordnungsmuster eines Kugellagers mit 8 Kugeln mit einer faulen Kugel

Abb. 2.5 Standschaden am Radlager eines PKW-Anhängers durch Korrosion

für den Außenring). Nur durch einige wenige, die mit der Zahl der Kugeln zusammenhängen, erhält man ein Geräusch. Dies ist eine interessante Feststellung, wenn man sich für die Qualitätssicherung von Wälzlagern oder für die Wälzlagerdiagnose mittels Körperschallmessung interessiert. Im später gezeigten Wälzlagermodell sind die Zusammenhänge ähnlich aber deutlich komplexer.

Bei Standschäden von Wälzlagern graben sich die Wälzkörper durch Korrosion oder durch Schwingungen, die von außen erregt werden, in die Ringflächen ein (Abb. 2.5). Hier passen die Oberflächenwelligkeiten wunderbar zur Zahl der Wälzkörper, d. h. man bekommt ein starkes Geräusch. Ganz ähnlich sieht es bei Brinellierungen aus.

2.3 Modulationen

Die klassische Modellvorstellung vom Wälzlagergeräusch wird ergänzt durch eine Amplitudenmodulation (siehe z. B. [2] VDI Richtlinie 3832, Abschn. 7.9.5). Ein Wälzlager mit stehendem Außenring sei durch eine feststehende äußere Last (Schwerkraft des Rotors oder Riemenzug, ...) belastet. Eine Macke des (bewegten) Innenrings läuft durch die Lastzone und dann wieder durch den unbelasteten Teil. Beim Durchlauf durch die Lastzone erzeugen die Wälzkörper beim Überrollen der Macke ein starkes Wälzgeräusch, außerhalb der Lastzone ein schwaches oder keines. Für die modulierte Wälzlagererregung f_m(t) wird folgender Ansatz für den Innenring gemacht:

$$f_m(\mathrm{t}) = (a + bsin\omega t) * f(t) = \sum\nolimits_{i=1}^{\infty} (F_i(a + bsin\omega t)\sin i2\pi h_i t) \qquad \text{mit a + b = 1}$$

$$f_{mi}(\mathrm{t}) = F_i a \sin i2\pi h_i t + F_i b[\cos(i2\pi h_i t - \omega t) - cos(i2\pi h_i t + \omega t)]$$

$$f_{mi}(\mathrm{t}) = F_i b \ \cos(i2\pi h_i t - \omega t) + F_i a \sin i2\pi h_i t \quad - \quad F_i bcos(i2\pi h_i t + \omega t)$$

$$f_{mi}(\mathrm{t}) = F_i\{\frac{b}{2}\sin((i2\pi h_i - \omega)t + 0.5\pi) + a\sin i2\pi h_i t + \frac{b}{2}\sin((i2\pi h_i + \omega)t + 1.5\pi)\}$$

Aus der einen Komponente f_i(t) werden drei Komponenten. Der mittlere Teil hat die alte Frequenz ih_i mit der reduzierten Amplitude a*F_i, die beiden Seitenbänder sind um die Drehfrequenz der Welle $\frac{\omega}{2\pi}$ (im Ordnungsbereich 1X) nach oben und unten verschoben. Beide Seitenbänder haben dieselbe Amplitude. Alle drei Komponenten haben untereinander feste Phasenbeziehungen (Abb. 2.6).

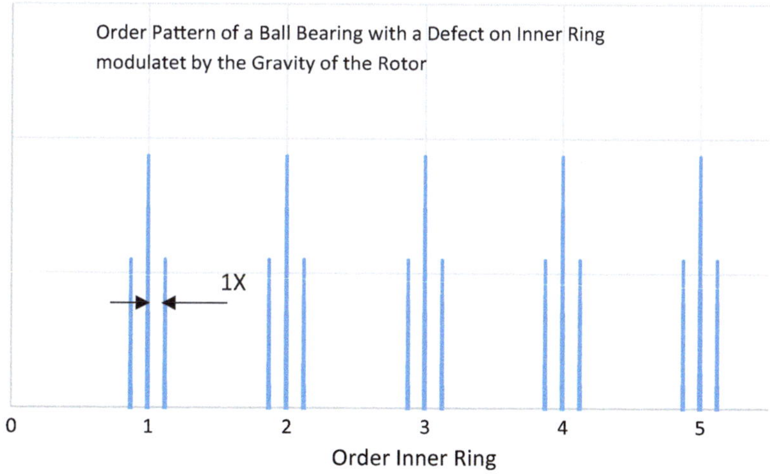

Abb. 2.6 Ordnungsmuster eines Kugellagers mit einer Macke auf dem Innenring und Modulation durch die Schwerkraft des Rotors

Der Modulations-Ansatz hat eine bemerkenswerte Kühnheit: Nicht die tragende Kraft soll sich sinusförmig mit der Umdrehung ändern, sondern die Amplituden der erregenden Kräfte. Verallgemeinert man den Ansatz ein bisschen, kommt man zu dem Modell: Die Amplituden der erregenden Kräfte ändern sich periodisch mit der Umdrehung. Aus einem Seitenbandpaar werden viele Seitenbandpaare mit dem Abstand ±1X und Vielfache vom mittleren Band. Mit dem Modulations-Ansatz muss man also mehrere Seitenbandpaare im Abstand von ±1X, ±2X, ±3X, … erwarten. Dies ist keine Vorstellung der Autoren des klassischen Modells, sondern eine Mutmaßung des Verfassers.

Der Charm des Amplitudenmodulation-Modells liegt darin, dass bei Wälzlagergeräuschen häufig Seitenbänder im Abstand ±1X auftreten die mit dem klassischen Überroll-Modell nicht begründet werden können. Als ein Kriterium für die Tragfähigkeit der Modulationstheorie bei der folgenden messtechnischen Überprüfung soll gelten: Die Amplituden der beiden Seitenbänder müssen ungefähr gleich groß sein und bei allen Innenringordnungen ungefähr denselben **Amplituden**abstand vom mittleren Band haben. Dieses Muster kann durch Resonanzen und durch Überlagerung mit anderen Ordnungsmustern (Außenring, Kugeln) gestört sein. Manche Autoren weisen (besonders bei Verzahnungsgeräuschen) darauf hin, dass auch Frequenzmodulationen das Muster der Amplitudenmodulation stören können ([4, 5]). Dies erfordert entsprechend starke Drehschwingungen des Systems. Das für die Messung dieser Abhandlung verwendete mechanische System hat nur geringe Drehschwingungen, nämlich nur die, die von den Kugellagern selbst erregt werden. Die Momente, die zu Drehschwingungen führen, werden im Abschn. 3.2 diskutiert.

Die Erregungen durch die Wälzkörper-Welligkeiten werden mit der Käfig-Drehfrequenz moduliert. Mit der Käfig-Drehfrequenz durchwandert ein einzelner Wälzkörper die Lastzone.

Die Untersuchungen werden mit gemittelten Ordnungsspektren durchgeführt. Die gemittelten Ordnungsspektren haben eine höhere Frequenzauflösung als die nicht gemittelten Ordnungsspektren. Gleichzeitig werden die Resonanzeigenschaften des mechanischen Systems herausgemittelt, d. h. man muss sich nicht mit den Resonanzen des Systems herumschlagen.

In Abb. 2.7 sind 3 Ordnungsmuster entsprechend Tab. 2.1 gekennzeichnet. Innenring-Ordnungen haben blaue Striche, die beiden Seitenbänder im Abstand von 1X tragen blaue Pfeile. Außenring-Ordnungen haben rote Striche. Kugel-Ordnungen haben grüne Striche, die beiden Seitenbänder im Abstand von 0,39849X tragen grüne Pfeile.

Es ist typisch, dass die berechneten Grundordnungen von den gemessenen Grundordnungen um einige Promille abweichen. Deshalb wurde der Berührungswinkel in der Berechnung nicht berücksichtigt, zumal er in der Regel nicht bekannt ist. Abb. 2.8 zeigt, wie die gemessene Grundordnung zu finden ist. Dafür ist ein Marker mit Seitenbändern und höheren Harmonischen nötig. Ausgehend von der berechneten Grundordnung wird er sehr fein hin- und herbewegt. Mit dem Summenpegel aus Marker + Seitenbändern + höhere Harmonische mit Seitenbändern erkennt man, ob man sich auf den

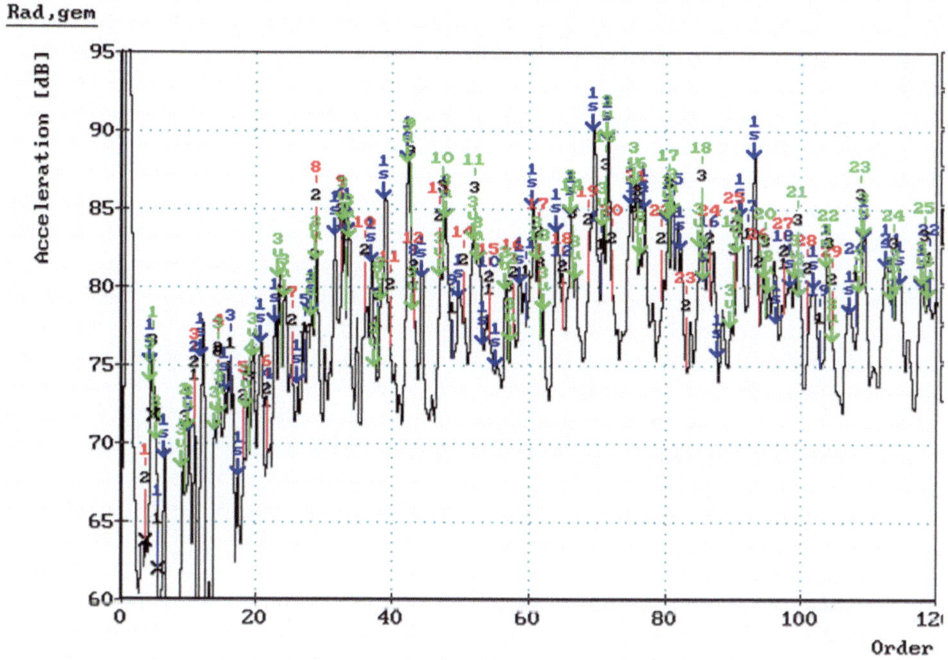

Abb. 2.7 Gemitteltes Ordnungsspektrum, feststehende Außenringe, ohne Last

Tab. 2.1 Ordnungen zu Abb. 2.7

Kugellager **6205** Verursacher	Ordnung berechnet	Ordnung aus der Messung	Seitenbänder berechnet	Farbe	Kennzeichnung im Diagramm
Innenring	5,41358	5,4039	±1	Blau	1
Außenring	3,58642	3,6029		Rot	2
Kugeln	4,72266	4,7298	±0,39849	Grün	3

Spitzen bewegt (natürlich auch optisch im Diagramm). Die gesuchte Grundordnung ergibt in der Regel ein relatives Maximum des Summenpegels. Der Marker muss sich sehr fein zwischen den gemessenen Punkten interpolierend bewegen lassen, sonst kann man die Spitzen bei höheren Ordnungen des Spektrums nicht mehr treffen. Auch der Summenpegel muss aus interpolierten Werten bestimmt werden. Natürlich ist das Verfahren nicht wirklich sicher: Es ist sehr wahrscheinlich, dass zum Summenpegel Ordnungen hinzugezählt werden, die nicht zum gesuchten Muster gehören.

Das gemittelte Ordnungsspektrum Abb. 2.7 ist mit den Markierungen so überfüllt, dass es nicht interpretierbar ist. Obwohl im Diagramm nur die Ordnungsmuster eines Kugellagers eingetragen sind. Die Ordnungsmuster müssen gemeinsam betrachtet

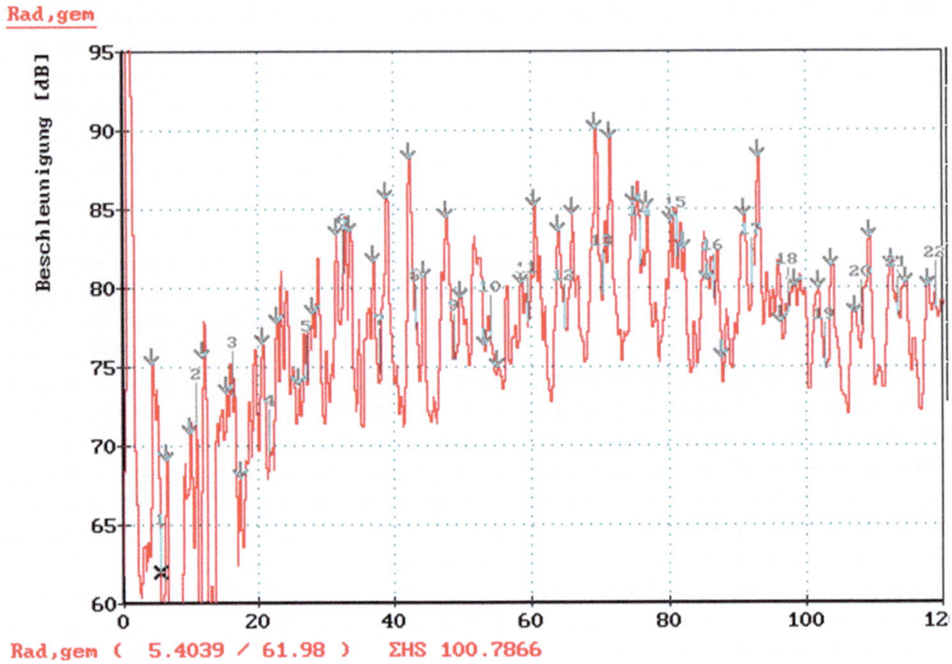

Abb. 2.8 Gemitteltes Ordnungsspektrum mit Marker auf 5,4039X, Anzeige von Marker (x), höheren Harmonischen (|) und Seitenbänder (Pfeil), Ausgabe des Summenpegels

werden, da einzelne Ordnungen mehreren Mustern zugeordnet werden können. Abb. 2.7 wurde in die Abb. 2.9, 2.10, 2.11 und 2.12 aufgeteilt.

Zunächst soll die Frage beantwortet werden, ob das Modulationsmuster der Innenring-Ordnungen (Abb. 2.6) zutrifft. Zur Erinnerung 6 dB entsprechen etwa einem Faktor 2. Es handelt sich um die blauen, mit „1" gekennzeichneten Markierungen. Die Pfeile der Seitenbänder tragen die Beschriftung „1" und „s" (Abb. 2.9, 2.10, 2.11 und 2.12). Viele Spitzen tragen exklusiv einen blauen Pfeil und können so dem Innenring-Modulationsmuster zugerechnet werden. Die Pegel stimmen mit dem Amplitudenmodulations-Muster nicht überein (das Muster besagt: alle Seitenbandpegel haben zum mittleren Pegel den gleichen Amplitudenunterschied). Es finden sich keine Seitenbänder mit ±2X oder ±3X.

Dem Kugel-Modulationsmuster können keine Spitzen eindeutig zugeordnet werden. Die Kugeln machen bei diesem Kugellager-Individuum nicht genug Geräusch, dass man damit das Modulationsmuster prüfen könnte.

Von den Außenring-Ordnungen findet man Spitzen bis zur 10. Harmonischen.

Für das Modulationsmodell ist die Lastzone durch die Schwerkraft des Rotors maßgeblich. Zwei Versuche sollen Klarheit über das Modulationsmodell bringen:

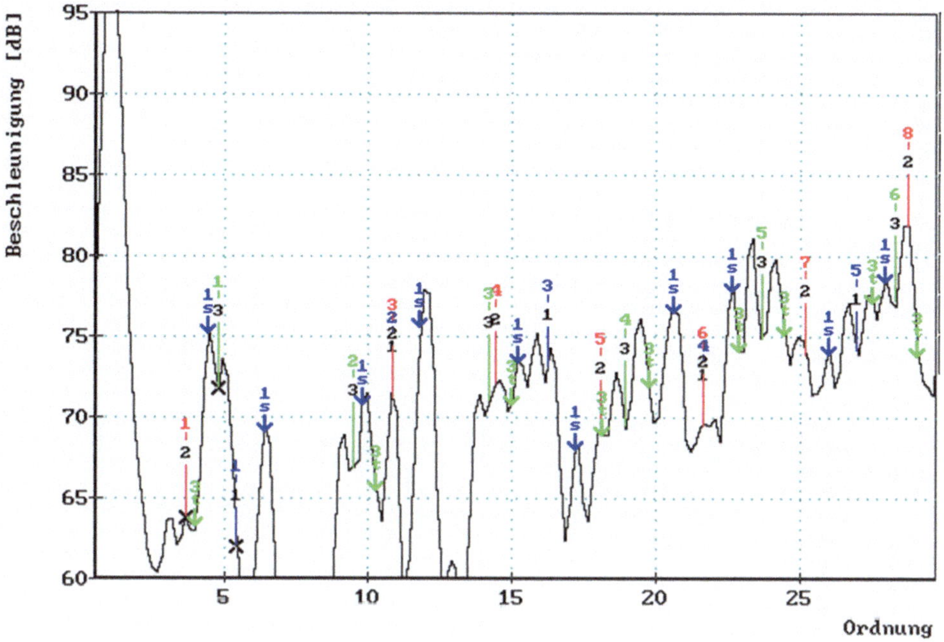

Abb. 2.9 Gemitteltes Ordnungsspektrum, feststehende Außenringe, ohne Last, Teil 1, mit Marker, blau 1 Innenring, rot 2 Außenring, grün 3 Kugeln

Versuch mit vertikal gestellter Welle: Die radiale Lastzone verschwindet durch eine vertikal gestellte Welle. Die Modulation der Radialkräfte des Kugellagers verschwindet dadurch. Durch Schiefstellung des Kugellagers kann jedoch eine Modulation mit 1X der Welle der Axialkräfte auftreten.

Versuch mit axial verspannten Kugellagern: Durch wachsende axiale Verspannung wird die Lastzone über einen wachsenden Teil des Kugellagerumfangs ausgedehnt. Der Versuch erfolgte bei horizontaler Welle (normale Lage). Die Lagerung ist im Serienzustand durch eine Wellfeder leicht vorgespannt. Durch Beilegen von Wellfedern wurde die Vorspannung stark erhöht. Dies äußert sich in einer stark erhöhten Lagerreibung und damit in einer stark verkürzten Drehzahlrampe (Abb. 2.13). Durch die verkürzte Drehzahlrampe leidet die Frequenzauflösung des gemittelten Ordnungsspektrums.

Abb. 2.14 zeigt die Zusammenstellung der 3 Ordnungsspektren. Der Marker sitzt auf dem Ordnungsspektrum mit horizontaler Welle und serienmäßiger Axiallast (Normalzustand, = Ordnungsspektrum der Abb. 2.7, 2.8, 2.9, 2.10, 2.11 und 2.12). Für das Modulations-Modell sind die mit Pfeilen gekennzeichneten Seitenbänder wichtig. Weder durch die senkrecht gestellte Welle noch durch die axiale Verspannung ergeben sich gravierende Unterschiede. Man muss vermuten, dass die Seitenbänder (zumindest bei der vorliegenden Messung) überwiegend durch einen anderen Mechanismus erzeugt werden.

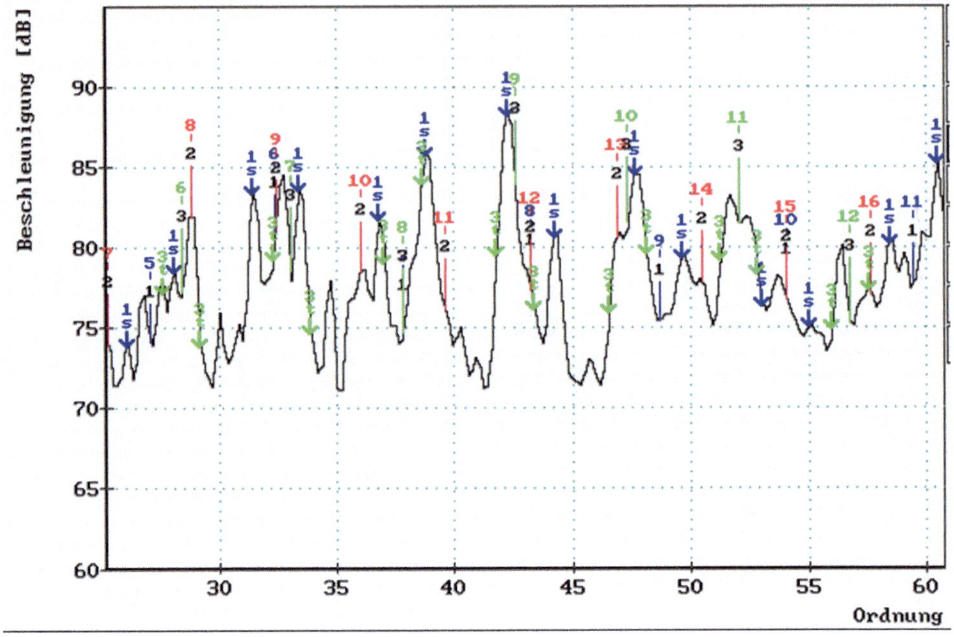

Abb. 2.10 Gemitteltes Ordnungsspektrum, feststehende Außenringe, ohne Last, Teil 2, mit Marker, blau 1 Innenring, rot 2 Außenring, grün 3 Kugeln

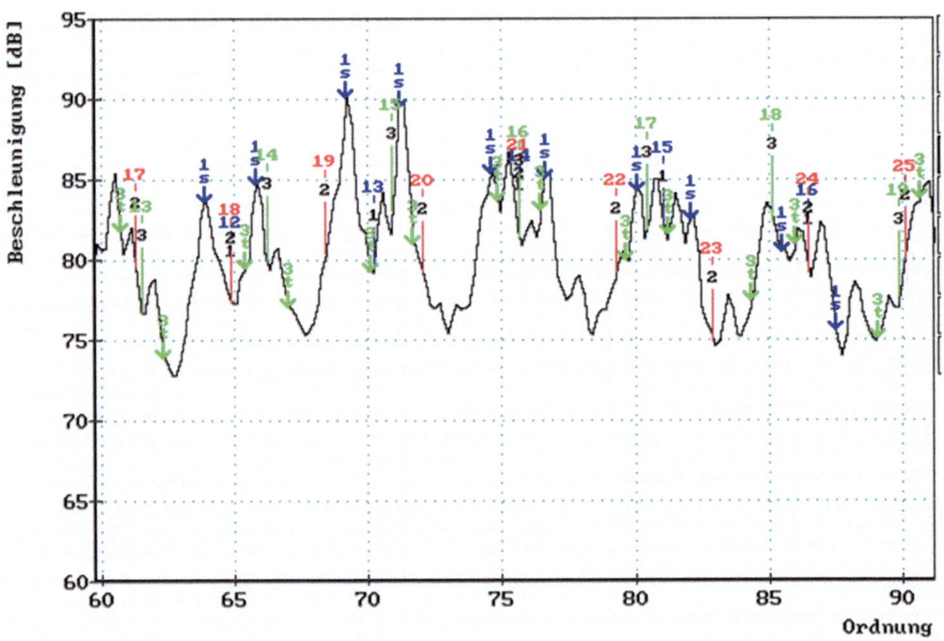

Abb. 2.11 Gemitteltes Ordnungsspektrum, feststehende Außenringe, ohne Last, Teil 3, mit Marker, blau 1 Innenring, rot 2 Außenring, grün 3 Kugeln

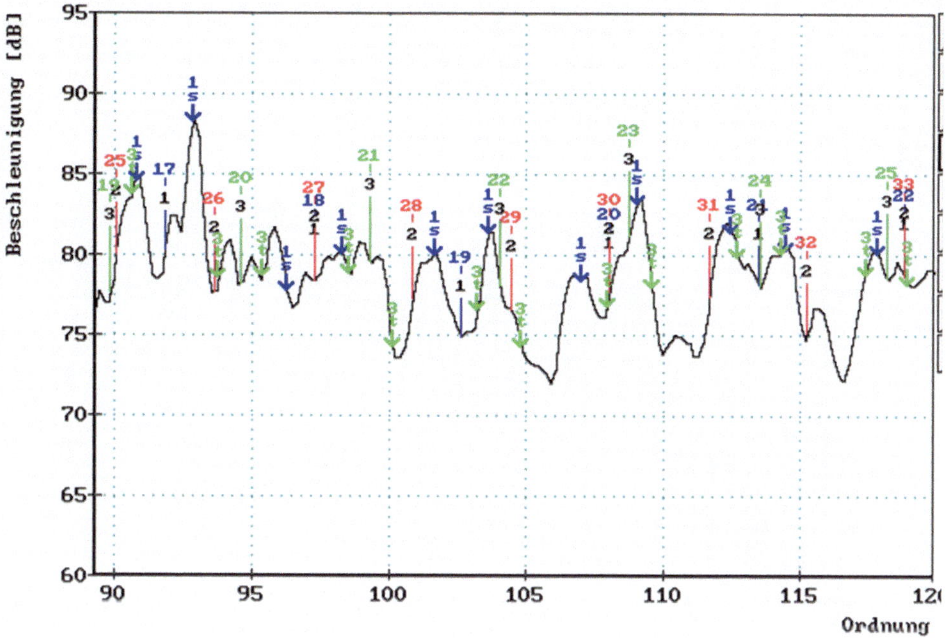

Abb. 2.12 Gemitteltes Ordnungsspektrum, feststehende Außenringe, ohne Last, Teil 4, mit Marker, blau 1 Innenring, rot 2 Außenring, grün 3 Kugeln

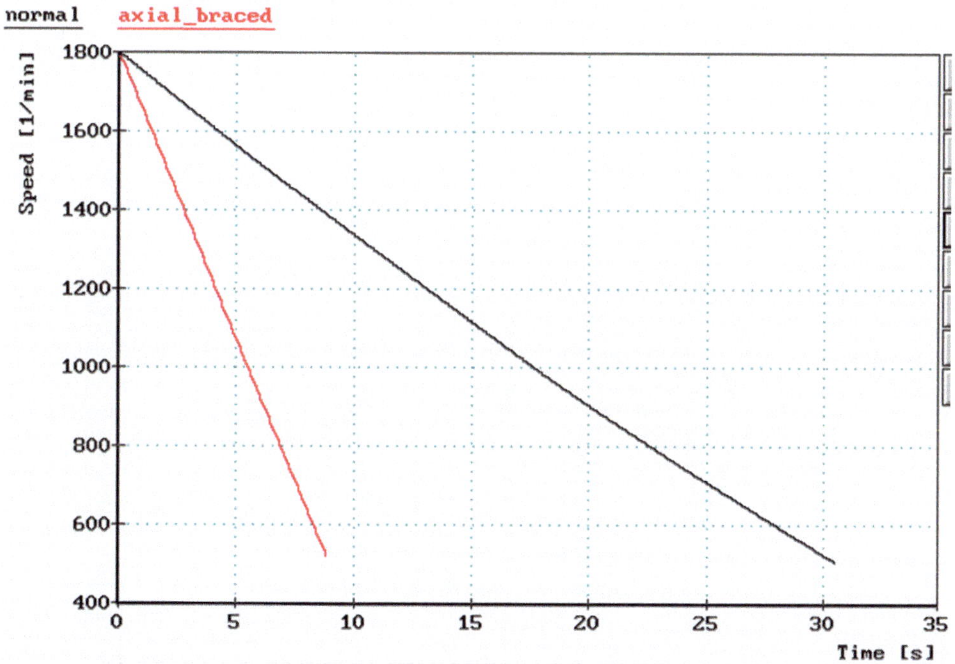

Abb. 2.13 Drehzahlrampe normal und mit axial verspannten Kugellagern (Welle horizontal), feststehende Außenringe

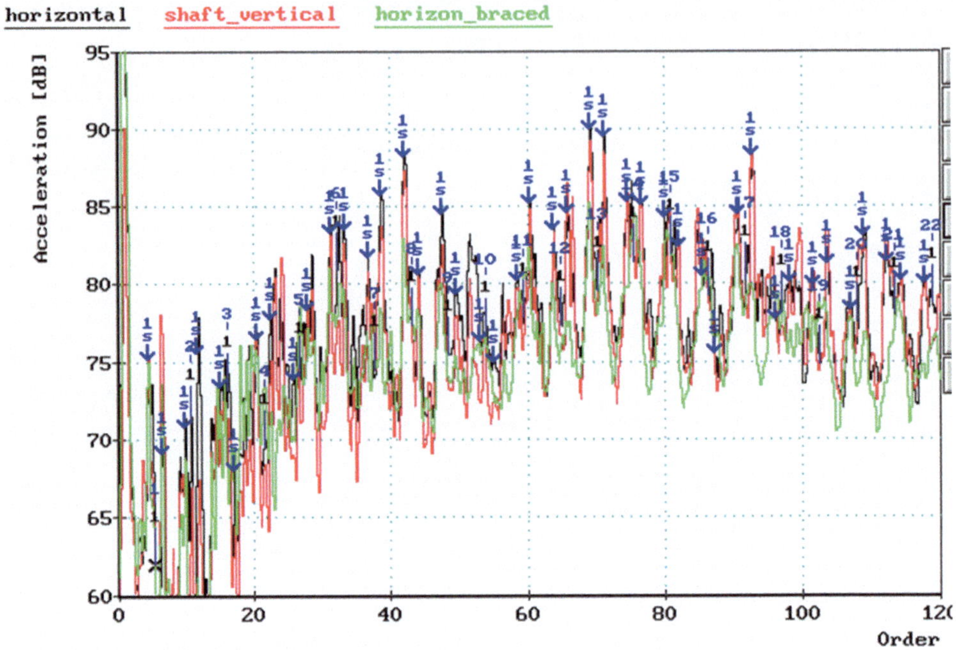

Abb. 2.14 Gemittelte Ordnungsspektren, feststehende Außenringe, Welle horizontal (normal), Welle vertikal, Welle horizontal mit axial verspannten Kugellagern, mit Marker auf Welle horizontal, blau 1 Innenring

Literatur

1. Harris, Tedrik, A. 2001. *Rolling bearing analysis*, 4. Aufl. Wiley, Hoboken, New Jersey, USA
2. VDI Richtlinie 3832. April 2013. *Körperschallmessungen zur Zustandsbeurteilung von Wälzlagern in Maschinen und Anlagen*. Beuth Verlag, Berlin
3. Randall, Robert, B. 2011. *Vibration-based condition monitoring*. Wiley.
4. Klein, Ulrich. 2003. *Schwingungsdiagnostische Beurteilung von Maschinen und Anlagen*. Stahleisen, ISBN 978-3-514-00687-4.
5. Kolerus, Josef, und Wassermann, Johann. 2017. *Zustandsüberwachung von Maschinen*. Expert, ISBN 978-3-8169-3377-9.
6. Jones, Robert M. 2011. *A guide to the interpretation of vibration frequency and time spectrums*. SKF Group, SKF-SDG-DSO1.
7. Bronstein, I.N., und K.A. Senendjajew. 1971. *Taschenbuch der Mathematik*. Harri Deutsch.
8. Tandon, N., und A. Choudhury. 1999. A theoretical modell to predict the vibration response of rolling bearing in a rotor bearing system to distributed defects under radial load. *Journal of Tribology* 122 (3): 609–615 (Hat Ordnungsmuster mit Seitenbändern und faule Kugel).
9. Merdane, Hamdullah, Reza Golafshan, und Kenan Sanliturk. 2016. Noise elimination for vibration-based rolling bearing fault diagnosis In: Bearing world journal, 1 (December 2016), 5–16.

3 Wälzlager – Modell

Zusammenfassung

Bei dem hier vorgeschlagenen Modell bekommen die Kräfte, die die Wälzkörper auf die Ringe ausüben, Ort und Richtung. Wenn hier von Kräften und Momenten die Rede ist, sind damit die Lasten gemeint, die durch die Welligkeiten der Oberflächen erzeugt werden, d. h. die Erregungen. Das Modell oder die Ergebnisse aus diesem Modell findet man in der Literatur vermutlich ab 1965. [1] Tallian, T.E. und Gustafsson, O.G. und [2] Yhland, E.M. sind frühe Beispiele. [3–6] gehören ebenfalls dazu. Das Modell dieser Autoren hat sich bis heute nicht als Stand der Technik durchsetzen können, nach wie vor wird das oben beschriebene klassische Modell benutzt. In dieser Arbeit wird versucht das Modell so weit wie möglich auf den (Erregungs-) Kern zu reduzieren. Die zugehörigen Schwingungsgleichungen werden nicht diskutiert. Es wird angestrebt, die Folgen des Modells für die Eigenschaften des Geräuschs vollständig darzustellen. Das Ergebnis ist Tab. 3.3 mit den wichtigen Ordnungen der Erregung, das sind die Ordnungen, die gut zu hören und zu messen sind. Tab. 3.4 enthält die Ordnungen der Welligkeiten, die gut zu hören und zu messen sind.

3.1 Kinematik

Die Berührwinkel werden in der Kinematik nicht berücksichtigt. Dadurch werden die Beziehungen wesentlich übersichtlicher. Trotzdem soll das Lager (auch als Kugellager) Axialkräfte übertragen. Dies ist ein Widerspruch, der aber für einfachere Beziehungen in Kauf genommen wird. D. h. die berechneten Überrollfrequenzen werden nicht perfekt

T. Grüner, *Wälzlagergeräusche,* https://doi.org/10.1007/978-3-662-63880-4_3

stimmen, allerdings ist in der Regel der tatsächliche Berührwinkel nicht bekannt und müsste für eine genauere Rechnung geschätzt werden.

Zunächst wird der allgemeine Fall betrachtet: Innenring, Außenring, Käfig und Wälzkörper drehen sich (Abb. 3.1 und 3.2).

Abwälz-Bedingung am Innenring: $\omega_I \left(\frac{d_m}{2} - \frac{D}{2}\right) = \omega_m \left(\frac{d_m}{2} - \frac{D}{2}\right) + \omega_W \frac{D}{2}$

Abwälz-Bedingung am Außenring: $-\omega_A \left(\frac{d_m}{2} + \frac{D}{2}\right) = \omega_m \left(\frac{d_m}{2} + \frac{D}{2}\right) - \omega_W \frac{D}{2}$

$$(\omega_I - \omega_m)(d_m - D) = \omega_W D$$

$$(\omega_A + \omega_m)(d_m + D) = \omega_W D$$

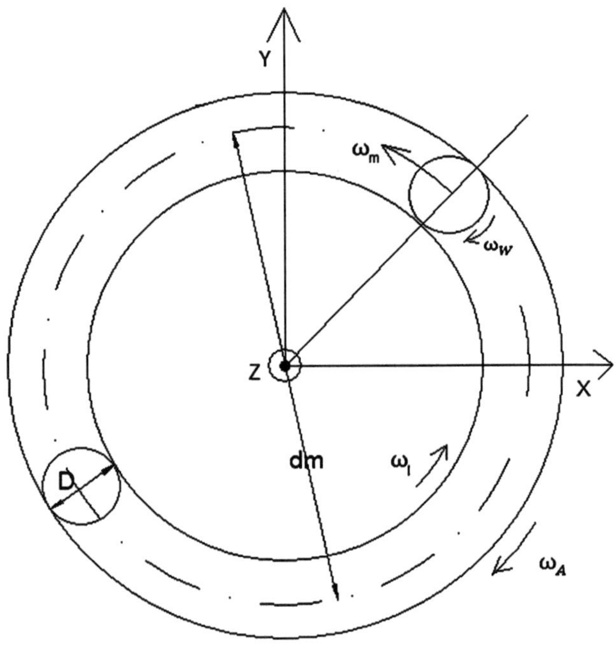

Abb. 3.1 Reines Radiallager im allgemeinen Fall: Innenring, Außenring, Käfig und Wälzkörper drehen sich

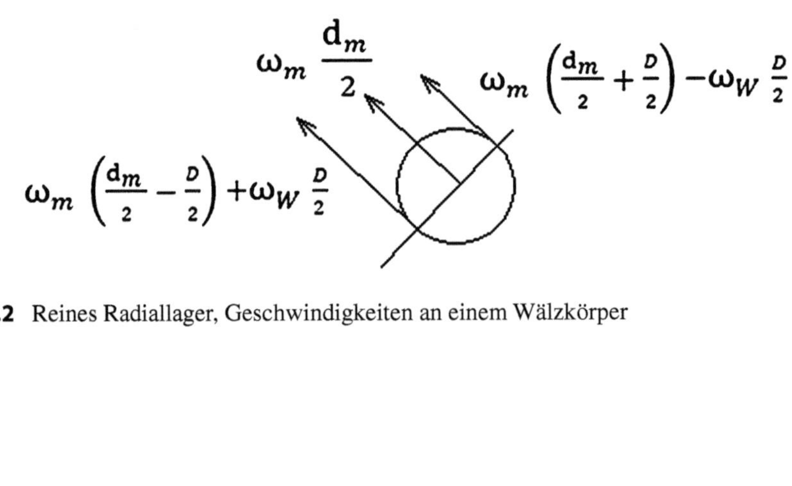

Abb. 3.2 Reines Radiallager, Geschwindigkeiten an einem Wälzkörper

Feststehender Käfig ($\omega_m = 0$):

$$\omega_I(\mathrm{d}_m - D) = \omega_A(\mathrm{d}_m + D) = \omega_W\ D \tag{3.1}$$

Feststehender Innenring ($\omega_I = 0$):

$$-\omega_m(\mathrm{d}_m - D) = (\omega_A + \omega_m)(\mathrm{d}_m + D) = \omega_W D$$

$$\omega_m = -\omega_A \frac{\mathrm{d}_m + D}{2\mathrm{d}_m} \tag{3.2}$$

$$\omega_W = \omega_A \frac{(\mathrm{d}_m + D)(\mathrm{d}_m - D)}{2\mathrm{d}_m D} \tag{3.3}$$

Feststehender Außenring ($\omega_A = 0$):

$$\omega_m(\mathrm{d}_m + D) = (\omega_I - \omega_m)(\mathrm{d}_m - D) = \omega_W D$$

$$\omega_m = \omega_I \frac{\mathrm{d}_m - D}{2\mathrm{d}_m} \tag{3.4}$$

$$\omega_W = \omega_I \frac{(\mathrm{d}_m + D)(\mathrm{d}_m - D)}{2\mathrm{d}_m D} \tag{3.5}$$

3.2 Käfigfestes Koordinatensystem ξ, η, ζ

Zunächst werden die Verhältnisse im käfigfesten Koordinatensystem ξ, η, ζ betrachtet (Abb. 3.3). Im zweiten Schritt werden die Ergebnisse auf ein außenringfestes oder auf ein innenringfestes Koordinatensystem x, y, z transformiert.

Vom Käfig aus gesehen dreht sich der Innenring mit ω^*, der Außenring dreht sich mit ω_A^*, die Wälzkörper mit ω_W^*. Es gilt:

$$\omega^* = \omega_I - \omega_m \tag{3.6}$$

$$\omega_A^* = \omega_A + \omega_m \tag{3.7}$$

Die Wälzkörper üben auf die Ringe Kräfte senkrecht zu den berührenden Oberflächen (in Normalrichtung) $\underline{\mathrm{fn}}$ und parallel zu den Oberflächen (in Tangentialrichtung) $\underline{\mathrm{ft}}$ aus (Abb. 3.4). Die Kräfte in Tangentialrichtung werden vor allem deshalb berücksichtigt, dass man ein Moment in Achsrichtung erhält. Bei den Kräften in Normalrichtung und bei den Kräften in Tangentialrichtung werden nur die Anteile betrachtet, die von den Welligkeiten der Ringe und der Wälzkörper verursacht werden. Vektoren sind durch Unterstriche gekennzeichnet (Abb. 3.5).

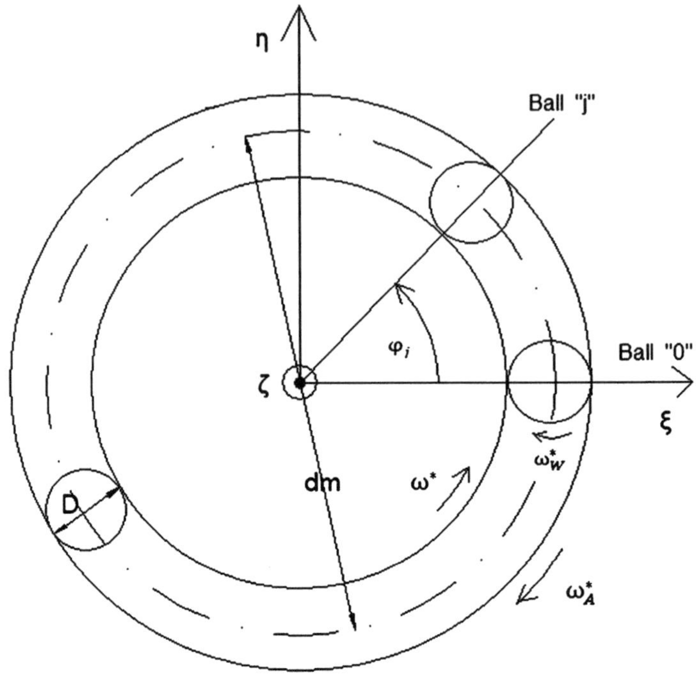

Abb. 3.3 Käfigfestes Koordinatensystem ξ, η, ζ. Nur Wälzkörper „0" und „j" gezeichnet. Reines Radiallager

Die Kräfte am Außenring und am Innenring sollen gleich groß mit entgegengesetzter Richtung sein. Das beinhaltet, dass die Masse der Wälzkörper keine wesentliche Wirkung hat. Natürlich sollen auch keine stehenden Wellen in den Wälzkörpern auftreten. Die Wälzkörper sollen als masselose Federn wirken.

Man erhält für jeden Wälzkörper eine Kraft auf den Innenring und eine Kraft auf den Außenring. Beide Kräfte rotieren mit dem Käfig (Abb. 3.6). Ohne weiter einschränkende Annahmen erhält man für jede Wälzkörper-Position auf dem Außenring und auf dem Innenring eine eigene Übertragungsfunktion (eingeleitete Kraft zu Schwingbeschleunigung am Messpunkt). Bei feststehendem Käfig erhält man z Übertragungsfunktionen (radial und tangential) pro Ring. Wenn der Käfig und damit die eingeleiteten Kräfte rotieren, bewegt sich einerseits der Ort, an dem die Kräfte wirken, andererseits muss man mit Änderungen der Frequenzen der eingeleiteten Kräfte rechnen. Die Übertragungsfunktion ist dann kein sinnvolles Modell mehr. [7] arbeitet mit einer Modellvorstellung mit einer Übertragungsfunktion pro Wälzkörper im stehenden Fall und wendet dies auf ein Wälzlager mit rotierendem Käfig an.

In dieser Abhandlung wird angenommen, dass sich die Ringe im eingebauten Zustand wie Starrkörper verhalten. Diese Annahme ist für ein gegebenes mechanisches System

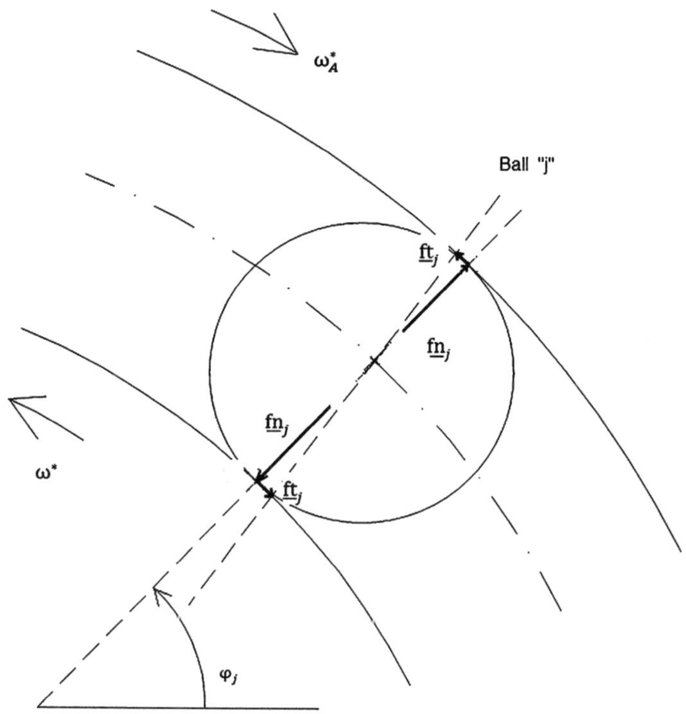

Abb. 3.4 Kräfte am Wälzkörper „j", reines Radiallager

bis zu einer Grenzfrequenz gültig. Der Innenring sitzt in der Regel mit einer Presspassung auf einer massiven Welle, d. h. er wird sich bis zu hohen Frequenzen als Starrkörper verhalten. Der Außenring sitzt oft in einem Schiebesitz in einem nicht sehr massiven Gehäuse. Die Grenzfrequenz ist nicht die erste Biege-Eigenfrequenz des frei schwebenden Rings. Für eine saubere Bestimmung der Grenzfrequenz muss man für die Systemresonanzen, die in Kap. 1 gezeigt wurden, die zugehörigen Schwingformen messen. Insbesondere muss man feststellen, ob sich bei der betrachteten Resonanz das Gehäuse im Bereich des Außenrings verformt. Die niedrigste Resonanzfrequenz, bei der sich das Gehäuse im Bereich des Außenrings verformt, ist die gesuchte Grenzfrequenz. Das folgende Modell gilt also nur für einen eingeschränkten Frequenzbereich.

Schon an dieser Stelle erkennt man, dass die Normalkräfte aller Wälzkörper im Punkt P zu einer zeitveränderlichen Gesamtkraft (mit Komponenten in ξ-, η- und ζ-Richtung) zusammengefasst werden können, ohne dass dabei ein Moment entsteht (Abb. 3.5). Es genügt, die Kräfte auf den Innenring zu betrachten (verursacht von Welligkeiten von Innenring, Außenring und Wälzkörpern).

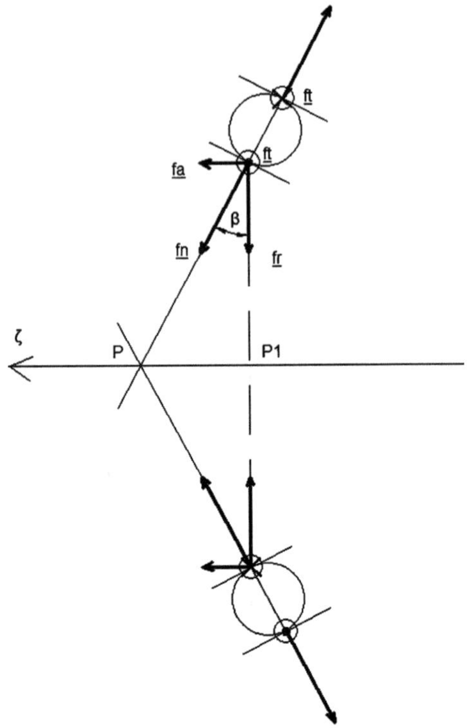

Abb. 3.5 Kräfte an einem Kugellager mit gerader Zahl der Kugeln z. Radial- und Axiallager

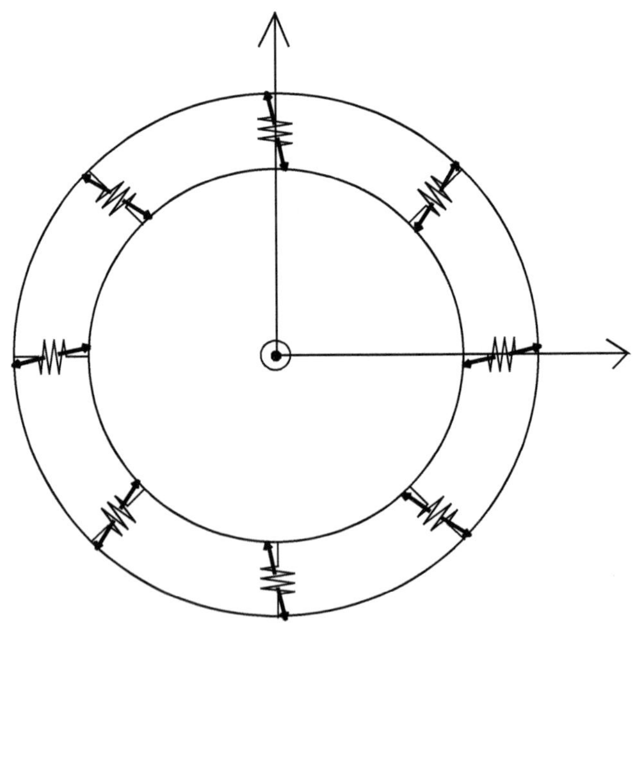

Abb. 3.6 Wälzlager mit 8 Wälzkörpern. Die Wälzkörper sind ersetzt durch ihre Erregungskräfte auf den Innenring und den Außenring und durch Federn

ξ, η, ζ	Käfigfestes Koordinatensystem
$\underline{e}_\xi$ $\underline{e}_\eta$ $\underline{e}_\zeta$	Einheitsvektoren
$\underline{fn}_j$, $\underline{ft}_j$	Vektoren der Erregungskräfte des Wälzkörpers „j" in Normal- und Tangentialrichtung
$\underline{fr}_j$, $\underline{fa}_j$	Anteile der Erregungskräfte des Wälzkörpers „j" in Normalrichtung, aufgeteilt in Radialrichtung und in Axialrichtung
β	Druckwinkel
φ_j	Winkel zwischen Wälzkörper „0" und Wälzkörper „j"
ω^*	Winkelgeschwindigkeit des Innenrings, vom Käfig aus gesehen (gekennzeichnet durch „*")
ω_A^*	Winkelgeschwindigkeit des Außenrings, vom Käfig aus gesehen (hier kennzeichnet „A" den Außenring)
ω_W^*	Winkelgeschwindigkeit der Wälzkörper, vom Käfig aus gesehen

$\underline{fn}_j$, $\underline{ft}_j$ werden erzeugt durch Welligkeiten des Innenrings, des Außenrings und der Wälzkörper (Abb. 3.7). Der Zusammenhang zwischen der Welligkeit z. B. des Innenrings und der dadurch entstehenden Kraft muss hier nicht geklärt werden. Es soll lediglich gelten:

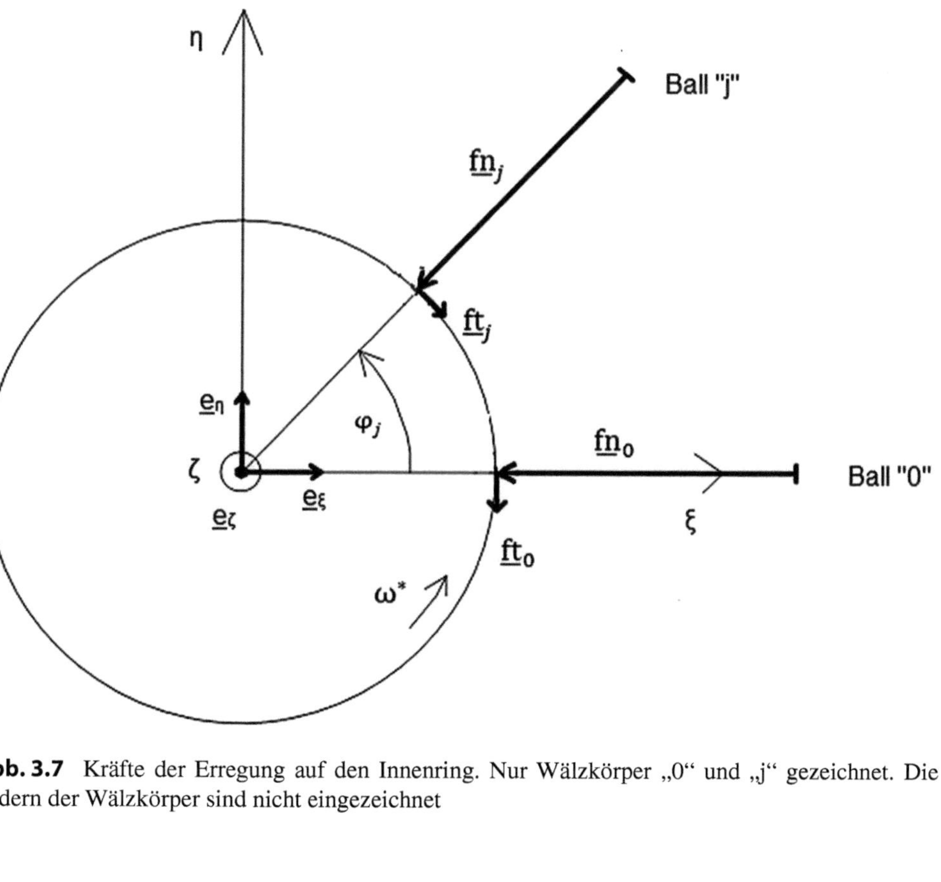

Abb. 3.7 Kräfte der Erregung auf den Innenring. Nur Wälzkörper „0" und „j" gezeichnet. Die Federn der Wälzkörper sind nicht eingezeichnet

weil die Welligkeit des Innenrings periodisch ist mit der Umdrehung des Innenrings, ist auch die dadurch entstehende Kraft periodisch und zwar mit derselben Periodendauer. Entsprechend gilt: die Kraft aus der Welligkeit des Außenrings ist mit der Drehung des Außenrings periodisch und die Kräfte aus den Welligkeiten der Wälzkörper sind periodisch mit der Drehung der Wälzkörper.

In der zitierten Literatur wird in der Regel der Zusammenhang zwischen Welligkeit und Kraft hergestellt. Schließlich wird oft zu den erregenden Kräften noch ein Schwingungssystem formuliert. Die vollständige Formulierung des Schwingungssystems wird einerseits mit Einschränkungen in der Erregung und starken Einschränkungen in der Zahl der Freiheitsgrade andererseits mit einem viel aufwendigerem Modell erkauft. Im analytischen Teil dieser Arbeit wird nur die Erregung betrachtet mit einer sehr einfachen Annahme: Aus der Periodizität der Welligkeit folgt dieselbe Periodizität der Erregung.

Die Kräfte haben also eine Komponente, die mit der Umdrehung des Innenrings periodisch ist, eine Komponente, die mit der Umdrehung des Außenrings periodisch ist und eine Komponente, die mit der Umdrehung der Wälzkörper periodisch ist. Auch hier wird die Linearität des mechanischen Systems ohne Nachweis vorausgesetzt. Die Linearität braucht man z. B. dafür, dass die Erregung aus der Welligkeit der Wälzkörper nicht von der Erregung aus der Welligkeit des Außenrings beeinflusst wird. Wie im klassischen Model werden die Kräfte in Fourier-Reihen entwickelt.

Normalkräfte

Für den Betrag $fn_o(t)$ des Vektors $\underline{\mathrm{fn}}_0$ des Wälzkörpers „0" gilt:

$$fn_o(t) = \sum_{i=1}^{\infty} \left(F_{Ini} \sin\, i\omega^* t\right) + \sum_{i=1}^{\infty} \left(F_{Ani} \sin\, i\omega_A^* t\right) + \sum_{i=1}^{\infty} \left(F_{Kn0i} \sin\, i\omega_W^* t\right)$$

Welligkeit Innenring Welligkeit Außenring Welligkeit Wälzkörper „0"

Die statische Komponente und die Phasen zwischen den Komponenten sind weggelassen. Für die Tangentialrichtung erhält man ebenfalls ein solche Gleichung.

F_{Ini}	Fourier-Koeffizient i der Normalkraft (n) durch die Welligkeit des Innenrings (I)
F_{Ani}	Fourier-Koeffizient i der Normalkraft (n) durch die Welligkeit des Außenrings (A)
F_{Kn0i}	Fourier-Koeffizient i der Normalkraft (n) durch die Welligkeit des Wälzkörpers 0 (K)
$F_{Iri} = F_{Ini} cos\beta$ siehe Abb. 3.3	Fourier-Koeffizient i der Radialkraft (r) durch die Welligkeit des Innenrings (I)
$F_{Ari} = F_{Ani} cos\beta$	Fourier-Koeffizient i der Radialkraft (r) durch die Welligkeit des Außenrings (A)
$F_{Kr0i} = F_{Kn0i} cos\beta$	Fourier-Koeffizient i der Radialkraft (r) durch die Welligkeit des Wälzkörpers 0 (K)

$F_{Iai} = F_{Ini} sin\beta$	Fourier-Koeffizient i der Axialkraft (a) durch die Welligkeit des Innenrings (I)
$F_{Aai} = F_{Ani} sin\beta$	Fourier-Koeffizient i der Axialkraft (a) durch die Welligkeit des Außenrings (A)
$F_{Ka0i} = F_{Kn0i} sin\beta$	Fourier-Koeffizient i der Axialkraft (a) durch die Welligkeit des Wälzkörpers 0 (K)

In Abb. 3.8 erkennt man, dass sich die Radialkräfte eines Radial-Wälzlagers mit 8 Wälzkörpern bei einer Welligkeit des Innenrings in 8X gegenseitig zu Null aufheben. Das passt nicht zum klassischen Modell. Dieselbe 8X führt bei Wälzlagern mit 7 oder mit 9 Wälzkörpern zu einer resultierenden Kraft.

Im nächsten Schritt der Rechnung müssen die Phasen zwischen den Wälzkörpern berücksichtigt werden (Abb. 3.7). Am Wälzkörper „j" mit $\varphi_j = 2 * \pi * j/z$ kommt die Welligkeit des Innenrings um

$$\Delta \mathrm{tI}_j = \frac{\varphi_j}{\omega *} = \frac{2 * \pi * j}{z * \omega^*} \text{später als am Wälzkörper „0" an.}$$

Die Welligkeit des Außenrings kommt am Wälzkörper „j" um

$$\Delta \mathrm{tA_j} = \frac{\varphi_j}{\omega_A^*} = \frac{2 * \pi * j}{z * \omega_A^*} \text{früher an als am Wälzkörper „0".}$$

$$\begin{aligned} fn_j(t) = &\sum_{i=1}^{\infty} \left(F_{Ini} \sin i\omega^* \left(t - \frac{2\pi j}{z\omega^*} \right) \right) + \sum_{i=1}^{\infty} \left(F_{Ani} \sin i\omega_A^* \left(t + \frac{2\pi j}{z\omega_A^*} \right) \right) \\ &+ \sum\nolimits_{i=1}^{\infty} \left(F_{Knji} \sin \left(i\omega_W^* t + \alpha_{ji} \right) \right) \end{aligned} \tag{3.8}$$

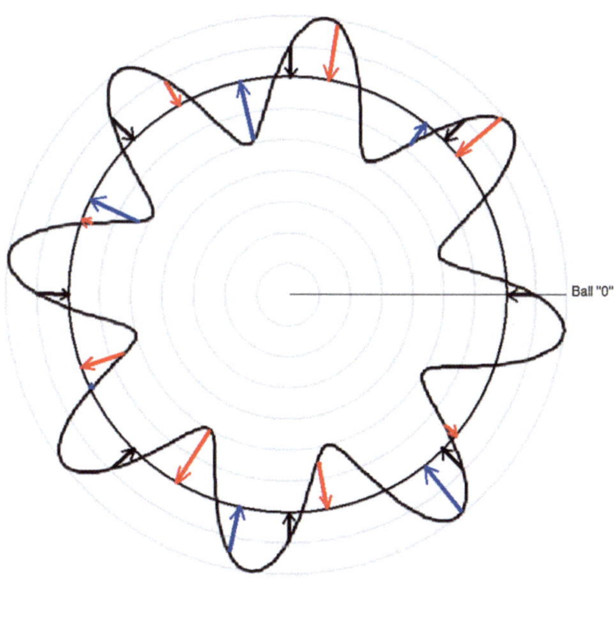

Abb. 3.8 Rein radial belastetes Lager mit Welligkeit des Innenrings in 8X. Die Normalkräfte eines Lagers mit 8 Wälzkörpern (schwarz), mit 7 Wälzkörpern (blau) und mit 9 Wälzkörpern (rot) sind eingezeichnet. Wälzkörper „0" ist für alle gleich (nur schwarz gezeichnet)

Die Welligkeiten der Wälzkörper sind für jeden Wälzkörper individuell. Deshalb müssen die Fourier-Koeffizienten der Kraft F_{Knji} für jeden Wälzkörper unterschieden werden. Man erhält auch für jeden Wälzkörper eine eigene Phase α_{ji} (bezogen auf Wälzkörper „0"). Für die Radialkraft erhält man:

$$\begin{aligned} fr_j(t) = \sum_{i=1}^{\infty}\left(F_{Iri}\sin i\omega^*\left(t-\frac{2\pi j}{z\omega^*}\right)\right)+\sum_{i=1}^{\infty}\left(F_{Ari}\sin i\omega_A^*\left(t+\frac{2\pi j}{z\omega_A^*}\right)\right) \\ +\sum\nolimits_{i=1}^{\infty}\left(F_{Krji}\sin\left(i\omega_W^* t+\alpha_{ji}\right)\right) \end{aligned} \tag{3.9}$$

Für den Vektor $\underline{\mathrm{fr}}_j(t)$ erhält man (Abb. 3.5):

$$\underline{\mathrm{fr}_j}(t) = -fr_j(t) * \cos\varphi_j\ \underline{e_\xi}\ - fr_j(t) * \sin\varphi_j\ \underline{e_\eta} \tag{3.10}$$

und schließlich für die Gesamtkraft $\underline{\mathrm{fr}}(t)$ auf den Innenring (aus den Radialkräften)

$$\underline{\mathrm{fr}}(t) = \sum\nolimits_{j=0}^{z-1}\underline{\mathrm{fr}_j}(t) \tag{3.11}$$

Der Übersichtlichkeit halber werden die Erregungen aus den Welligkeiten des Innenrings, des Außenrings und der Wälzkörper hintereinander berechnet. Als erstes soll der Innenring eine Welligkeit haben. Der Außenring und die Wälzkörper sollen perfekt sein. D. h. die folgende Rechnung betrachtet nur die Komponente der Radialkräfte, die von Welligkeiten des Innenrings verursacht werden.

$$\begin{aligned} fr(t) &= \sum_{j=0}^{z-1}\left(-\cos\varphi_j\ \mathrm{e}\xi\sum_{i=1}^{\infty}\left(F_{Iri}\sin i\omega^*\left(t-\frac{2\pi j}{z\omega^*}\right)\right)\right) \\ &\quad+\sum_{j=0}^{z-1}\left(-\sin\varphi_j\ \mathrm{e}\eta\sum_{i=1}^{\infty}\left(F_{Iri}\sin i\omega^*\left(t-\frac{2\pi j}{z\omega^*}\right)\right)\right) \\ &= -\mathrm{e}\xi\sum_{i=1}^{\infty}\left(F_{Iri}\sum_{j=0}^{z-1}\left(\cos\varphi_j\sin(i\omega^* t-\frac{2\pi ij}{z})\right)\right) \\ &\quad-\mathrm{e}\eta\sum_{i=1}^{\infty}\left(F_{Iri}\sum_{j=0}^{z-1}\left(\sin\varphi_j\sin(i\omega^* t-\frac{2\pi ij}{z})\right)\right) \end{aligned}$$

Die Vertauschung der Summenzeichen beinhaltet: Für eine gegebene Ordnung i werden die Kräfte von allen Wälzkörpern zusammengefasst. Aus dem Zeitversatz wird für eine gegebene Ordnung ein Phasenversatz. Die folgende Rechnung wird für die ξ -Komponente vorgeführt. Der räumliche Winkel $\varphi_j = 2\pi j/z$. kann ebenfalls in einen Phasenversatz umgerechnet werden.

$$2 * \sum_{j=0}^{z-1} \left(\cos \varphi_j \sin(i\omega^* t - \frac{2\pi ij}{z}) \right) =$$
$$\sum_{j=0}^{z-1} \left(\sin(i\omega^* t - \frac{2\pi ij}{z} - \frac{2\pi j}{z}) + \sin(i\omega^* t - \frac{2\pi ij}{z} + \frac{2\pi j}{z}) \right) =$$
$$\sum_{j=0}^{z-1} \left(\sin(i\omega^* t) * \cos(\frac{2\pi (i+1)j}{z}) - \cos(i\omega^* t) * \sin(\frac{2\pi (i+1)j}{z}) \right)$$
$$+ \sum_{j=0}^{z-1} \left(\sin(i\omega^* t) * \cos(\frac{2\pi (i-1)j}{z}) - \cos(i\omega^* t) * \sin(\frac{2\pi (i-1)j}{z}) \right) =$$
$$\sin(i\omega^* t) * \sum_{j=0}^{z-1} \left(\cos(\frac{2\pi (i+1)j}{z}) \right) - \cos(i\omega^* t) * \sum_{j=0}^{z-1} \left(\sin(\frac{2\pi (i+1)j}{z}) \right) +$$
$$\sin(i\omega^* t) * \sum_{j=0}^{z-1} \left(\cos(\frac{2\pi (i-1)j}{z}) \right) - \cos(i\omega^* t) * \sum_{j=0}^{z-1} \left(\sin(\frac{2\pi (i-1)j}{z}) \right)$$

Im letzten Schritt wurden die zeitabhängigen Komponenten aus den Summen herausgezogen, es bleiben rein trigonometrische Summen. Diese Summen wurden schon einmal bei den klassischen Modellen diskutiert (Abschn. 2.2, Beziehungen (2.2) und (2.3)) mit dem Unterschied, dass man dort statt $i-1$ oder $i+1$ nur i hatte.

$$\sum_{j=0}^{z-1} \cos \left(\frac{2\pi (i-1)j}{z} \right) = \begin{cases} = \text{ z für i} = \text{l*z} + 1, \text{l ganze Zahl} \\ = \text{ 0 sonst} \end{cases} \tag{3.12}$$

$$\sum_{j=0}^{z-1} \cos \left(\frac{2\pi (i+1)j}{z} \right) \begin{cases} = \text{ z für i} = \text{l*z} - 1, \text{l ganze Zahl} \\ = \text{ 0 sonst} \end{cases} \tag{3.13}$$

$$\sum_{j=0}^{z-1} sin \left(\frac{2\pi (i \pm 1)j}{z} \right) = 0 \tag{3.14}$$

Für die η-Komponente gilt

$$2 * \sum_{j=0}^{z-1} \left(\sin \varphi_j \sin(i\omega^* t - \frac{2\pi ij}{z}) \right) =$$
$$\sum_{j=0}^{z-1} \left(\cos(i\omega^* t - \frac{2\pi ij}{z} - \frac{2\pi j}{z}) - \cos(i\omega^* t - \frac{2\pi ij}{z} + \frac{2\pi j}{z}) \right) =$$
$$\sum_{j=0}^{z-1} \left(\cos(i\omega^* t) * \cos(\frac{2\pi (i+1)j}{z}) - \sin(i\omega^* t) * \sin(\frac{2\pi (i+1)j}{z}) \right)$$
$$- \sum_{j=0}^{z-1} \left(\cos(i\omega^* t) * \cos(\frac{2\pi (i-1)j}{z}) - \sin(i\omega^* t) * \sin(\frac{2\pi (i-1)j}{z}) \right)$$

Die η-Komponente verhält sich wie die ξ-Komponente.

Das Resultat konnte man durch die Abb. 3.8 schon ahnen. Die klassischen höheren Harmonischen der Überroll-Ordnungen (in den Frequenzen $l * z * \omega^*$) verschwinden bei den Radialkräften aus den Welligkeiten des Innenrings, es bleiben aber Seitenbänder im Abstand von ± 1X (in den Kreisfrequenz-Abständen $\pm\omega^*$). Dieses Resultat ist eine Folge aus den Phasenlagen und den Winkeln unter welchen die Radialkräfte wirken. Ausgerechnet die Radialkräfte, von denen man vermutet, dass sie den wichtigsten Teil der Erregung der Wälzlagergeräusche darstellen, haben keine Komponente in den Überroll-Ordnungen. Aber sie liefern die Seitenbänder. Wo die Ordnungen endgültig landen, kann erst nach der Transformation auf ein raumfestes Koordinatensystem bestimmt werden. Für die Radialkraft aus der Welligkeit des Innenrings erhält man:

$$
\begin{aligned}
fr(t) = \\
& - e\xi \frac{z}{2} \sum_{l=1}^{\infty} \left(F_{Ir(lz-1)} \sin((lz-1)\omega^* t) + F_{Ir(lz+1)} \sin((lz+1)\omega^* t) \right) \\
& - e\eta \frac{z}{2} \sum_{l=1}^{\infty} \left(F_{Ir(lz-1)} \cos((lz-1)\omega^* t) - F_{Ir(lz+1)} \cos((lz+1)\omega^* t) \right)
\end{aligned}
$$

für l ganze Zahl $1\ldots\infty$

Radialkraft aus der Welligkeit des Innenrings (3.15)

Der Anteil der Kraft $fr(t)$ in der Kreisfrequenz $(lz-1)\omega^*$ ist eine konstante Kraft, die um den Lagermittelpunkt mit der Kreisfrequenz $(lz-1)\omega^*$ entgegen der Drehrichtung des Innenrings umläuft. Der Anteil der Kraft $fr(t)$ in der Kreisfrequenz $(lz+1)\omega^*$ ist eine konstante Kraft, die um den Lagermittelpunkt mit der Kreisfrequenz $(lz+1)\omega^*$ entgegen der Drehrichtung des Innenrings umläuft.

Die folgende Rechnung betrachtet nur die Komponente der Radialkräfte, die von Welligkeiten des Außenrings verursacht werden.

Welligkeit Innenring	Welligkeit Außenring	
F_{Ini}	F_{Ani}	Amplituden der Normalkräfte aus der Welligkeit
ω^*	ω_A^*	Winkelgeschwindigkeit
$-\frac{2\pi j}{z*\omega^*}$	$+\frac{2\pi j}{z*\omega_A^*}$	Zeitversatz

$$
\begin{aligned}
fr(t) = & \sum_{j=0}^{z-1} \left(-\cos\varphi_j e\xi \sum_{i=1}^{\infty} \left(F_{Ari} \sin i\omega_A^* \left(t + \frac{2\pi j}{z * \omega_A^*} \right) \right) \right) \\
& + \sum_{j=0}^{z-1} \left(-\sin\varphi_j e\eta \sum_{i=1}^{\infty} \left(F_{Ari} \sin i\omega_A^* \left(t + \frac{2\pi j}{z * \omega_A^*} \right) \right) \right)
\end{aligned}
$$

Für die ξ-Komponente erhält man:

$$2 * \sum_{j=0}^{z-1} \left(\cos\varphi_j * \sin i\omega_A^* \left(t + \frac{2\pi j}{z * \omega_A^*} \right) \right) =$$

$$\sum_{j=0}^{z-1} \left(\sin(i\omega_A^* t + \frac{2\pi ij}{z} - \frac{2\pi j}{z}) + \sin(i\omega_A^* t + \frac{2\pi ij}{z} + \frac{2\pi j}{z}) \right) =$$

$$\sum_{j=0}^{z-1} \left(\sin(i\omega_A^* t) * \cos(\frac{2\pi(i-1)j}{z}) + \cos(i\omega_A^* t) * \sin(\frac{2\pi(i-1)j}{z}) \right)$$

$$+ \sum_{j=0}^{z-1} \left(\sin(i\omega_A^* t) * \cos(\frac{2\pi(i+1)j}{z}) + \cos(i\omega_A^* t) * \sin(\frac{2\pi(i+1)j}{z}) \right) =$$

$$\sin(i\omega_A^* t) * \sum_{j=0}^{z-1} \left(\cos(\frac{2\pi(i-1)j}{z}) \right) + \cos(i\omega_A^* t) * \sum_{j=0}^{z-1} \left(\sin(\frac{2\pi(i-1)j}{z}) \right)$$

$$+ \sin(i\omega_A^* t) * \sum_{j=0}^{z-1} \left(\cos(\frac{2\pi(i+1)j}{z}) \right) + \cos(i\omega_A^* t) * \sum_{j=0}^{z-1} \left(\sin(\frac{2\pi(i+1)j}{z}) \right)$$

Für die η-Komponente erhält man:

$$2 * \sum_{j=0}^{z-1} \left(\sin\varphi_j * \sin i\omega_A^* \left(t + \frac{2\pi j}{z * \omega_A^*} \right) \right) =$$

$$\sum_{j=0}^{z-1} \left(\cos(i\omega_A^* t + \frac{2\pi ij}{z} - \frac{2\pi j}{z}) - \cos(i\omega_A^* t + \frac{2\pi ij}{z} + \frac{2\pi j}{z}) \right) =$$

$$\sum_{j=0}^{z-1} \left(\cos(i\omega_A^* t) * \cos(\frac{2\pi(i-1)j}{z}) - \sin(i\omega_A^* t) * \sin(\frac{2\pi(i-1)j}{z}) \right)$$

$$- \sum_{j=0}^{z-1} \left(\cos(i\omega_A^* t) * \cos(\frac{2\pi(i+1)j}{z}) - \sin(i\omega_A^* t) * \sin(\frac{2\pi(i+1)j}{z}) \right) =$$

$$\cos(i\omega_A^* t) * \sum_{j=0}^{z-1} \left(\cos(\frac{2\pi(i-1)j}{z}) \right) - \sin(i\omega_A^* t) * \sum_{j=0}^{z-1} \left(\sin(\frac{2\pi(i-1)j}{z}) \right)$$

$$- \cos(i\omega_A^* t) * \sum_{j=0}^{z-1} \left(\cos(\frac{2\pi(i+1)j}{z}) \right) + \sin(i\omega_A^* t) * \sum_{j=0}^{z-1} \left(\sin(\frac{2\pi(i+1)j}{z}) \right)$$

Auch hier treten die entsprechenden trigonometrischen Summen auf wie bei den Radialkräften aus den Welligkeiten des Innenrings. Die klassischen höheren Harmonischen der Überroll-Ordnungen (in den Kreisfrequenzen $l * z * \omega_A^*$) verschwinden bei den Radialkräften aus den Welligkeiten des Außenrings, es bleiben aber Seitenbänder im Abstand von ± 1X (in den Kreisfrequenz-Abständen $\pm\omega_A^*$). Für die Radialkraft aus der Welligkeit des Außenrings erhält man (unter Vernachlässigung der Phasen $\alpha_{An(lz\pm 1)}$):

$$fr(t) = -e\xi\frac{z}{2}\sum\nolimits_{i=1}^{\infty}\left(F_{Ar(lz-1)}\sin((lz-1)\omega_A^*t) + F_{Ar(lz+1)}\sin((lz+1)\omega_A^*t)\right)$$
$$-e\eta\frac{z}{2}\sum_{l=1}^{\infty}\left(-F_{Ar(lz-1)}\cos((lz-1)\omega_A^*t) + F_{Ar(lz+1)}\cos((lz+1)\omega_A^*t)\right)$$

für l ganze Zahl $1 \ldots \infty$

Radialkraft aus der Welligkeit des Außenrings (3.16)

Die folgende Rechnung betrachtet nur die Komponente der Radialkräfte, die von Welligkeiten der Wälzkörper verursacht werden. Aus Gl. 3.9 und 3.10 wird:

$$fr(t) = \sum_{j=0}^{z-1}\left(-\cos\varphi_j e\xi\sum_{i=1}^{\infty}\left(F_{Krji}\sin\left(i\omega_W^*t + \alpha_{ji}\right)\right)\right)$$
$$+\sum_{j=0}^{z-1}\left(-\sin\varphi_j e\eta\sum_{i=1}^{\infty}\left(F_{Krji}\sin\left(i\omega_W^*t + \alpha_{ji}\right)\right)\right) \quad (3.17)$$

Radialkraft aus der Welligkeit der Wälzkörper

Jeder Wälzkörper hat eine individuelle Amplitude und eine individuelle Phase. Die Summen können allgemein nicht weiter zusammengefasst werden. Gegenseitige Auslöschung oder additive Verstärkung der Erregung durch die Wälzkörper sind im Einzelfall möglich, haben aber kein allgemeines Muster.

Durch die Voraussetzung der Masselosigkeit der Wälzkörper machen nur die Welligkeiten der Wälzkörper eine Erregung, die die Wälzkörper im Durchmesser periodisch verändern. Das trifft bei allen geraden Ordnungen i zu. Bei den ungeraden Ordnungen wird ein Wachsen am Innenring durch ein Schrumpfen am Außenring (und umgekehrt) kompensiert, d. h. der Wälzkörper bewegt sich nur hin und her. Tatsächlich findet man bei Messungen überwiegend gerade Ordnungen der Wälzkörper. Die Beschreibung dieses Phänomens ist in der einschlägigen Literatur zu finden.

Axialkräfte

Die Axialkräfte sind bei typischen Lagerungen mit Rillenkugellagern deutlich kleiner (ca. 1/10 bis 1/4) als die Normalkräfte. Das gilt für die statischen Lasten und für die Erregungskräfte. Nicht weil die Erregungskräfte mit den statischen Lasten wachsen würden, sondern weil für beide Kräfte dieselbe Geometrie gilt. Die Wälzkörper rumpeln über eine Welligkeit (z. B. der Ringe) und die entstehenden Kräfte stehen senkrecht auf den beteiligten Oberflächen. Dass die Welligkeiten die geometrischen Winkel verändern, soll hier vernachlässigt werden.

In Abb. 3.9 erkennt man, dass sich die Axialkräfte eines Wälzlagers mit 8 Wälzkörpern bei einer Welligkeit des Innenrings in 8X zu einer resultierenden Kraft aufaddieren. Dies entspricht dem klassischen Modell. Die resultierende Kraft bei Wälzlagern mit 7 oder mit 9 Wälzkörpern ist aus Abb. 3.9 nicht sicher zu erkennen, eindeutig ist ein resultierendes Moment in der ξ-η-Ebene. Aus Abb. 3.5 ergab sich, dass sich die

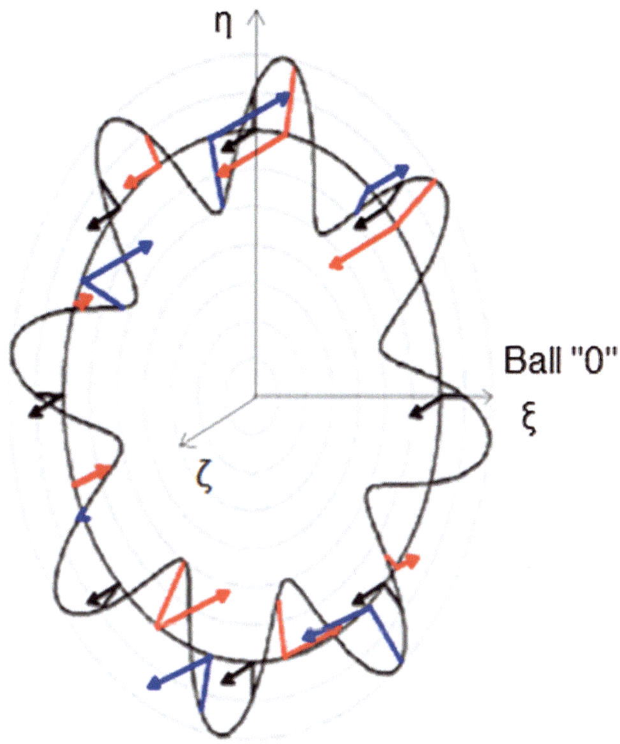

Abb. 3.9 Welligkeit des Innenrings in 8X. Die Normalkräfte eines Lagers mit 8 Wälzkörpern (schwarz), mit 7 Wälzkörpern (blau) und mit 9 Wälzkörpern (rot) sind durch Striche angedeutet. Wälzkörper „0“ ist für alle gleich (nur schwarz gezeichnet). Die zugehörigen Axialkräfte sind durch Pfeile eingetragen

Momente aus den Radial- und Axialkräften im Punkt P zu Null aufheben. Sie werden deshalb nicht bestimmt.

Analog zu Gl. (3.9) erhält man:

$$fa_j(t) = \sum_{i=1}^{\infty}\left(F_{Iai}\sin i\omega^*\left(t - \frac{2\pi j}{z\omega^*}\right)\right) + \sum_{i=1}^{\infty}\left(F_{Aai}\sin i\omega_A^*\left(t + \frac{2\pi j}{z\omega_A^*}\right)\right) + \sum\nolimits_{i=1}^{\infty}\left(F_{Kaji}\sin\left(i\omega_W^* t + \alpha_{aji}\right)\right) \tag{3.18}$$

Für die Gesamtkraft $\underline{\mathrm{fa}}$(t) auf den Innenring (aus den Axialkräften) erhält man:

$$\begin{aligned}\underline{\mathrm{fa}}(\mathrm{t}) &= \sum\nolimits_{j=0}^{z-1} fa_j(t)\mathrm{e}\zeta \\ &= \mathrm{e}\zeta\sum\nolimits_{i=1}^{\infty}\left(F_{Iai}\sum\nolimits_{j=0}^{z-1}\sin\left(i\omega^* t - \frac{2\pi ij}{z}\right)\right) + e\zeta\sum\nolimits_{i=1}^{\infty}\left(F_{Aai}\sum\nolimits_{j=0}^{z-1}\sin\left(i\omega_A^* t + \frac{2\pi ij}{z}\right)\right) \\ &\quad + \mathrm{e}\zeta\sum\nolimits_{i=1}^{\infty}\left(\sum\nolimits_{j=0}^{z-1} F_{Kaji}\sin\left(i\omega_W^* t + \alpha_{aji}\right)\right)\end{aligned}$$

Für die Axialkräfte aus der Welligkeit des Innenrings und für die Axialkräfte aus den Welligkeiten des Außenrings erhält man die wohlbekannten Summen des klassischen Modells (Gl. 2.1). Auch für die Welligkeit der Kugeln ergeben sich die Ergebnisse des klassischen Modells. Man erhält Axialkräfte aus den Überrollfrequenzen des Innenrings $\frac{z\omega^*}{2\pi}$ aus den Überrollfrequenzen des Außenrings $\frac{z\omega_A^*}{2\pi}$ und aus den Überrollfrequenzen der

Wälzkörper $\frac{\omega_W^*}{2\pi}$ und deren höheren Harmonischen. Die Summen der Axialkräfte entsprechen exakt dem klassischen Modell! Für die Wälzkörper- Überrollfrequenzen $\frac{\omega_W^*}{2\pi}$ gilt auch für die Axialkräfte, dass die gradzahligen höheren Harmonischen wesentlich stärker sind als die ungradzahligen.

Tangentialkräfte
Die statischen Tangentialkräfte sind typisch eine Größenordnung kleiner als die statischen Normalkräfte. Dies kann man nicht ohne Weiteres auf die hier interessierenden tangentialen Wechselkräfte, die durch Welligkeiten der Oberflächen entstehen, übertragen. Die Tangentialkräfte werden im Punkt P1 (Abb. 3.3) zusammengefasst. Durch das Verschieben der Tangentialkräfte von der Laufbahn in die Drehachse (ζ) erhält man Momente in ζ-Richtung.

Gl. (3.9) wird zu:

$$\begin{aligned} ft_j(t) = \sum_{i=1}^{\infty}\left(F_{Iti}\sin i\omega^*\left(t-\frac{2\pi j}{z\omega^*}\right)\right) + \sum_{i=1}^{\infty}\left(F_{Ati}\sin i\omega_A^*\left(t+\frac{2\pi j}{z\omega_A^*}\right)\right) \\ + \sum\nolimits_{i=1}^{\infty}\left(F_{Ktji}\sin\left(i\omega_W^* t+\alpha_{ji}\right)\right) \end{aligned} \tag{3.19}$$

Aus Gl. (3.10) wird (Abb. 3.7):

$$\underline{\mathrm{ft}}_{\mathrm{j}}(t) = ft_j(t) * \sin\varphi_j\ \underline{e}_\xi\ - ft_j(t) * \cos\varphi_j\ \underline{\mathrm{e}}_\eta \tag{3.20}$$

und für (3.11) erhält man die Gesamtkraft:

$$\underline{\mathrm{ft}}(\mathrm{t}) = \sum\nolimits_{j=0}^{z-1}\underline{\mathrm{ft}}_{\mathrm{j}}(\mathrm{t}) \tag{3.21}$$

und das Gesamtmoment

$$\underline{\mathrm{mt}}(\mathrm{t}) = \mathrm{e}\zeta\ \frac{dm-D}{2}\sum\nolimits_{j=0}^{z-1} ft_j(t) \tag{3.22}$$

Die folgende Rechnung betrachtet nur die Komponente der Tangentialkräfte, die von Welligkeiten des Innenrings verursacht werden.

$$\begin{aligned} ft\ (t) &= \sum_{j=0}^{z-1}\left(\sin\varphi_j\ \mathrm{e}\xi\sum_{i=1}^{\infty}\left(F_{Iti}\sin i\omega^*\left(t-\frac{2\pi j}{\mathrm{z}\omega^*}\right)\right)\right) \\ &\quad + \sum_{j=0}^{z-1}\left(-\cos\varphi_j\ \mathrm{e}\eta\sum_{i=1}^{\infty}\left(F_{Iti}\sin i\omega^*\left(t-\frac{2\pi j}{\mathrm{z}\omega^*}\right)\right)\right) \\ &= \mathrm{e}\xi\sum_{i=1}^{\infty}\left(F_{Iti}\sum_{j=0}^{z-1}\left(\sin\varphi_j\sin(i\omega^* t-\frac{2\pi ij}{\mathrm{z}})\right)\right) \\ &\quad - \mathrm{e}\eta\sum_{i=1}^{\infty}\left(F_{Iti}\sum_{j=0}^{z-1}\left(\cos\varphi_j\sin(i\omega^* t-\frac{2\pi ij}{\mathrm{z}})\right)\right) \end{aligned}$$

Für die ξ-Komponente erhält man:

$$2 * \sum\nolimits_{j=0}^{z-1}\left(\sin\varphi_j \sin(i\omega^* t - \frac{2\pi ij}{z})\right) =$$

$$\sum\nolimits_{j=0}^{z-1}\left(\cos(i\omega^* t - \frac{2\pi ij}{z} - \frac{2\pi j}{z}) - \cos(i\omega^* t - \frac{2\pi ij}{z} + \frac{2\pi j}{z})\right) =$$

$$+\sum_{j=0}^{z-1}\left(\cos(i\omega^* t) * \cos(\frac{2\pi(i+1)j}{z}) - \sin(i\omega^* t) * \sin(\frac{2\pi(i+1)j}{z})\right)$$

$$-\sum\nolimits_{j=0}^{z-1}\left(\cos(i\omega^* t) * \cos(\frac{2\pi(i-1)j}{z}) - \sin(i\omega^* t) * \sin(\frac{2\pi(i-1)j}{z})\right) =$$

$$\cos(i\omega^* t)\sum_{j=0}^{z-1}\left(\cos(\frac{2\pi(i+1)j}{z})\right) - \sin(i\omega^* t)\sum_{j=0}^{z-1}\left(\sin(\frac{2\pi(i+1)j}{z})\right)$$

$$-\cos(i\omega^* t)\sum_{j=0}^{z-1}\left(\cos(\frac{2\pi(i-1)j}{z}\right) + \sin(i\omega^* t)\sum_{j=0}^{z-1}\left(\sin(\frac{2\pi(i-1)j}{z})\right)$$

Für die η-Komponente:

$$-2 * \sum\nolimits_{j=0}^{z-1}\left(\cos\varphi_j \sin(i\omega^* t - \frac{2\pi ij}{z})\right) =$$

$$-\sum_{j=0}^{z-1}\left(\sin(i\omega^* t - \frac{2\pi ij}{z} - \frac{2\pi j}{z}) + \sin(i\omega^* t - \frac{2\pi ij}{z} + \frac{2\pi j}{z})\right) =$$

$$-\sum_{j=0}^{z-1}\left(\sin(i\omega^* t) * \cos(\frac{2\pi(i+1)j}{z}) - \cos(i\omega^* t) * \sin(\frac{2\pi(i+1)j}{z})\right)$$

$$-\sum_{j=0}^{z-1}\left(\sin(i\omega^* t) * \cos(\frac{2\pi(i-1)j}{z}) - \cos(i\omega^* t) * \sin(\frac{2\pi(i-1)j}{z})\right) =$$

$$-\sin(i\omega^* t) * \sum\nolimits_{j=0}^{z-1}\left(\cos(\frac{2\pi(i+1)j}{z})\right) + \cos(i\omega^* t) * \sum\nolimits_{j=0}^{z-1}\left(\sin(\frac{2\pi(i+1)j}{z})\right) +$$

$$-\sin(i\omega^* t) * \sum\nolimits_{j=0}^{z-1}\left(\cos(\frac{2\pi(i-1)j}{z})\right) + \cos(i\omega^* t) * \sum\nolimits_{j=0}^{z-1}\left(\sin(\frac{2\pi(i-1)j}{z})\right)$$

Für die Tangentialkräfte aus der Welligkeit des Innenrings erhält man für das Ordnungsmuster dieselben Ergebnisse wie für die Radialkräfte: Die klassischen höheren Harmonischen der Überroll-Ordnungen (in den Kreisfrequenzen $l * z * \omega^*$) verschwinden bei den Tangentialkräften aus den Welligkeiten des Innenrings, es bleiben aber Seitenbänder im Abstand von ± 1X (in den Kreisfrequenz-Abständen $\pm\omega^*$).

Für die Tangentialkräfte aus der Welligkeit des Außenrings erhält man entsprechend: Die klassischen höheren Harmonischen der Überroll-Ordnungen (in den Kreisfrequenzen

$l * z * \omega_A^*$) verschwinden bei den Tangentialkräften aus den Welligkeiten des Außenrings, es bleiben aber Seitenbänder im Abstand von ±1X (in den Kreisfrequenz-Abständen $\pm\omega_A^*$).

Für das Gesamtmoment ergibt sich:

$$\begin{aligned}\mathrm{mt(t)}\,\frac{2}{dm-D} &= \sum_{j=0}^{z-1} ft_j(t)\\ &= \sum_{i=1}^{\infty}\left(F_{Iti}\sum_{j=0}^{z-1}\sin i\omega^*\left(t-\frac{2\pi j}{z\omega^*}\right)\right)+\sum_{i=1}^{\infty}\left(F_{Ati}\sum_{j=0}^{z-1}\sin i\omega_A^*\left(t+\frac{2\pi j}{z\omega_A^*}\right)\right)\\ &\quad+\sum_{i=1}^{\infty}\left(F_{Ktji}\sum_{j=0}^{z-1}\sin\left(i\omega_W^* t+\alpha_{ji}\right)\right)\end{aligned}$$

Für den Anteil des Erregungs-Momentes aus der Welligkeit des Innenrings erhält man:

$$\begin{aligned}&\sum_{j=0}^{z-1}\sin i\omega^*\left(t-\frac{2\pi j}{z\omega^*}\right)=\sum_{j=0}^{z-1}\sin\left(i\omega^* t-\frac{2\pi ij}{z}\right)=\\ &\sin\left(i\omega^* t\right)\sum\nolimits_{j=0}^{z-1}\cos\left(\frac{2\pi ij}{z}\right)-\cos\left(i\omega^* t\right)\sum\nolimits_{j=0}^{z-1}\sin\left(\frac{2\pi ij}{z}\right)=\\ &z*\sin(i\omega * t)\ \text{für i} = 1*z,\ 1\ \text{ganze Zahl, sonst 0,}\end{aligned}$$

(siehe Beziehungen 2.1).

Für das Moment aus der Welligkeit des Innenrings erhält man die klassische Überroll-Kreisfrequenz z $*\omega^*$ und höhere Harmonische. Für das erregende Moment aus der Welligkeit des Außenrings erhält man die entsprechende, klassische Überroll-Kreisfrequenz $z * \omega_A^*$ und höhere Harmonische und für die Wälzkörper $2 * \omega_W^*$ und höhere Harmonische. Diese Momente sind die Erregungen für Drehschwingungen des Systems. In den Messungen dieser Arbeit wird der langsam sinkenden Drehzahl eine kleine Hin- und Her-Drehung überlagert. In [8] wird beschrieben, wie sich ein Wälzlagerschaden aus einen Motorstrom (d. h. dem Antriebsmoment) erkennen lässt.

Als erregende Lasten haben sich ergeben: 3 Kräfte, die am Punkt P angreifen und 2 Kräfte und ein Moment die am Punkt P1 angreifen (Abb. 3.5). Hätte man alle Lasten auf einen Punkt reduziert hätte man 3 Kräfte und 3 Momente erhalten. Beide Darstellungen sind äquivalent. Bei feststehendem Käfig ist das gemittelte Frequenzspektrum aus Kap. 1 ist also beeinflusst von 6 Erregungen und 6 Übertragungsfunktionen pro Lager. Bei rotierendem Käfig sind die Zusammenhänge noch etwas komplizierter.

Die erregenden Lasten in ζ-Richtung (Axialkraft und Reibmoment) entsprechen dem klassischen Muster: Überrollordnungen plus höhere Harmonische. Die erregenden

Lasten in ξ- und η-Richtung (Radialkräfte und Tangentialkräfte) bilden zu dem klassischen Muster die Seitenbänder ±1X.

3.3 Fester Außenring und fester Innenring

Die Verhältnisse werden nur für die beiden wichtigen Fälle „Innenring dreht sich, Außenring steht“ und „Innenring steht, Außenring dreht sich“ untersucht.

Die Drehung des Käfigs verändert die Periodendauern stark.

In Abb. 3.10 sind die Verhältnisse für die Welligkeit des Innenrings bei drehendem Innenring vor und nach einer Periodendauer P_I dargestellt. Der Innenring trägt eine Markierung, die nach einer Periodendauer an derselben Stelle stehen muss. Die gesuchte Periodendauer P_I ist also eine ganzzahlige Vielfache der Dauer einer Umdrehung des Innenring. Nach P_I sollen die Wälzkörper wieder die gleichen Positionen besetzen, wobei es nicht darauf ankommt, ob die Wälzkörper-Individuen an ihrer Position im Ausganszustand stehen.

$$P_I = l_1 * 2\pi/\omega_I \quad l_1 \text{ ganze Zahl}$$
$$P_I = l_2 * 2\pi/z\omega_m \quad l_2 \text{ ganze Zahl}$$

Für ein Kugellager 6205 erhält man für $l_1 = 29$ *Umdrehungen* $l_2 = 104{,}00616\ldots$. Also eine nahezu ganze Zahl. Die wichtige Botschaft ist nicht die Zahl 29 sondern, dass die Periodendauer sehr lang ist und etliche Umdrehungen des Innenrings dauert. Wenn man einen faulen Wälzkörper hat wird die Periodendauer nochmals um ein Vielfaches länger: Innenring und Wälzkörper müssen nach der Periodendauer an derselben Stelle stehen.

Die Periodendauer für die Erregung aus der Welligkeit des Außenrings bei stehendem Außenring kann man mit Abb. 3.10 auch ohne Markierungen leicht erkennen. Der Käfig

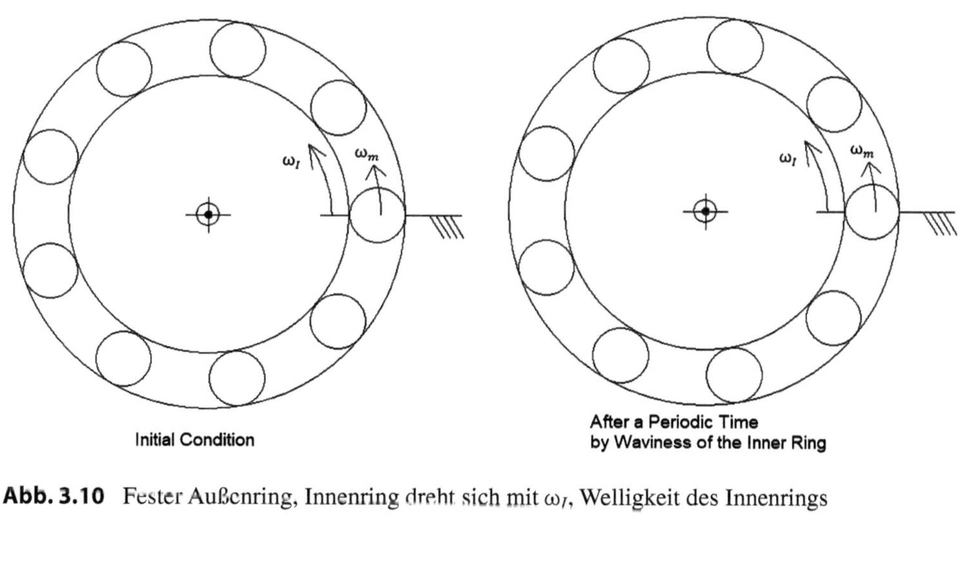

Abb. 3.10 Fester Außenring, Innenring dreht sich mit ω_I, Welligkeit des Innenrings

hat sich vom Ausgangszustand zum Zustand nach einer Periode P_A um einen Wälzkörper weiter gedreht. $P_A = 2\pi/z\omega_m$ das ist gerade der Kehrwert der Überrollfrequenz über eine Macke an Außenring. Die Periodendauer mit feststehendem Außenring ist gleich wie die Periodendauer mit feststehendem Käfig. Wenn man einen faulen Wälzkörper hat wird die Periodendauer z mal länger.

In Abb. 3.11 sind die Verhältnisse für die Welligkeit der Wälzkörper bei drehendem Innenring vor und nach einer Periodendauer P_W dargestellt. Die Wälzkörper tragen je eine Markierung. Nach der Periodendauer P_W müssen die Markierungen an derselben Stelle stehen und die ursprünglichen Wälzkörper-Positionen wieder besetzt sein. Dabei wird nicht gefordert, dass die Wälzkörper-Individuen wieder ihren alten Platz einnehmen (dies wäre die Bedingung für einen faulen Wälzkörper). Auch hier gilt, dass die Periodendauer P_W viel größer ist als in Fall mit feststehendem Käfig.

Bei festem Innenring und drehendem Außenring bleibt die Periodizität der Welligkeit des Innenrings gleich wie beim feststehendem Käfig (Abb. 3.12). Für einen faulen Wälzkörper wird die Periodendauer z mal länger. Die Periodendauern aus den Welligkeiten des Außenrings und der Wälzkörper sind sehr viel länger wie beim feststehendem Käfig.

$$
\begin{aligned}
e_\xi &= \cos(\omega_m * t)e_x + \sin(\omega_m * t)e_y \\
e_\eta &= -\sin(\omega_m * t)e_x + \cos(\omega_m * t)e_y \\
e_\zeta &= e_z
\end{aligned}
$$

Abb. 3.13 zeigt das ortsfeste Koordinatensystem x, y, z und das käfigfeste Koordinatensystem ξ, η, ζ. Aus $e_\zeta = e_z$ ergibt sich sofort, dass die Überroll-Kreisfrequenzen der Axialkräfte und des Moments direkt übernommen werden können.

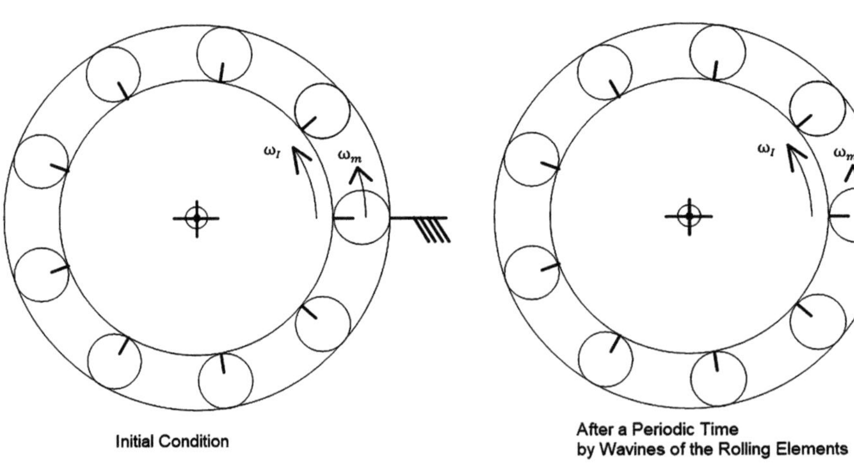

Abb. 3.11 Fester Außenring, Innenring dreht sich mit ω_I, Welligkeit der Wälzkörper

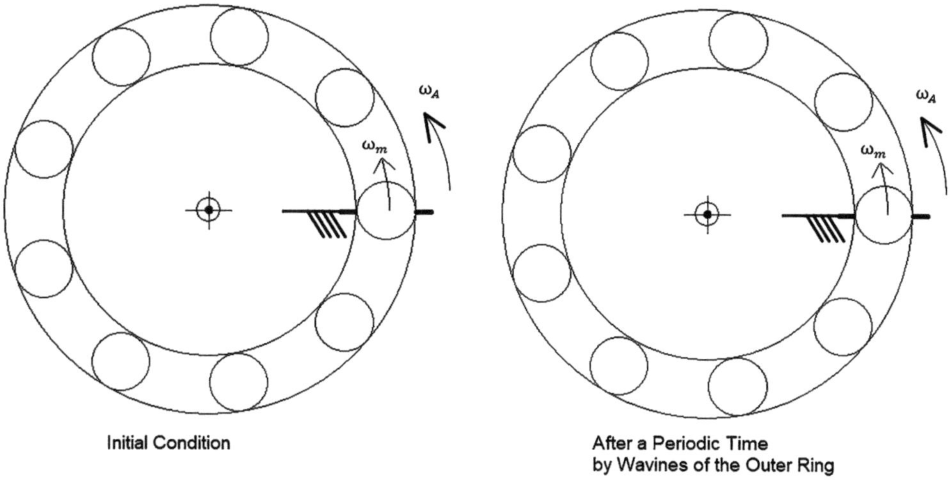

Abb. 3.12 Fester Innenring, Außenringring dreht sich mit ω_I, Welligkeit des Innenrings

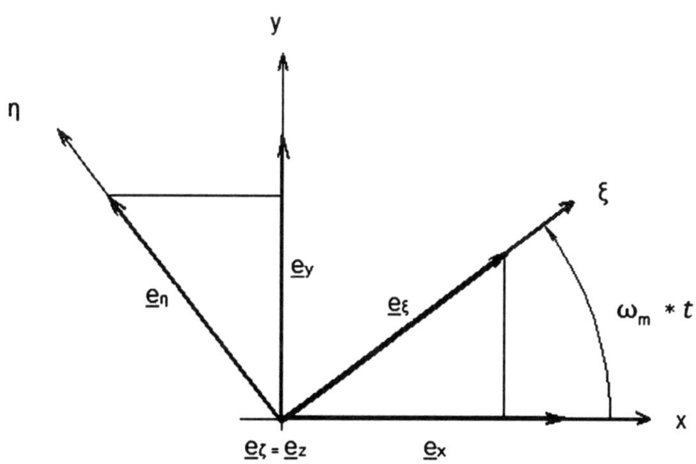

Abb. 3.13 Ortsfestes Koordinatensystem x, y, z und käfigfestes Koordinatensystem ξ, η, ζ

Welligkeit	Überroll-Kreisfrequenzen der Axialkräfte und des Moments (l ganze Zahl)
Innenring	$l * z * \omega^*$
Außenring	$l * z * \omega_A^*$
Wälzkörper	$l * \omega_W^*$ bzw. $2 * l * \omega_W^*$

Für den Ordnungsbezug wird der drehende Ring benutzt. Die Fälle werden durch Indizes unterschieden. Das Muster zeigt die Tab. 3.1.

Tab. 3.1 Bezeichnungen der Kreisfrequenzen und der Ordnungen der Erregung durch Axialkräfte und durch das Moment

Welligkeit	Drehung = Ordnungsbezug	Kreisfrequenzen ω der Erregung durch Axialkräfte und Moment Ordnungen *O* der Erregung durch Axialkräfte und Moment
Innenring	Innenring ↄ	ω_{IiM}, O_{IiM}
	Außenring ↄ	ω_{IaM}, O_{IaM}
Außenring	Innenring ↄ	ω_{AiM}, O_{AiM}
	Außenring ↄ	ω_{AaM}, O_{AaM}
Wälzkörper	Innenring ↄ	ω_{WiM}, O_{WiM}
	Außenring ↄ	ω_{WaM}, O_{WaM}

Kreisfrequenz ω_{IiM} der Erregung durch Axialkraft und Moment aus der Welligkeit des Innenrings bei festem Außenring ($\omega_A = 0, \quad \omega^* = \omega_I - \omega_m$)

$$\omega_{IiM} = lz * (\omega_I - \omega_m)$$

Mit (3.4) $\omega_{IiM} = lz * \omega_I \frac{d_m + D}{2d_m}$

$$O_{IiM} = lz * \frac{d_m + D}{2d_m}$$

Kreisfrequenz ω_{IaM} der Erregung durch Axialkraft und Moment aus der Welligkeit des Innenrings bei festem Innenring ($\omega_I = 0, \omega^* = -\omega_m$)

$$\omega_{IaM} = -\omega_m * lz$$

Mit (3.2) $\omega_{IaM} = lz * \omega_A \frac{d_m + D}{2d_m}$

$$O_{IaM} = lz * \frac{d_m + D}{2d_m}$$

Kreisfrequenz ω_{AiM} der Erregung durch Axialkraft und Moment aus der Welligkeit des Außenrings bei festem Außenring ($\omega_A = 0, \omega_A^* = \omega_m$)

$$\omega_{AiM} = lz * \omega_m$$

Mit (3.4) $\omega_{AiM} = lz * \omega_I \frac{d_m - D}{2d_m}$

$$O_{AiM} = lz * \frac{d_m - D}{2d_m}$$

Kreisfrequenz ω_{AaM} der Erregung durch Axialkraft und Moment aus der Welligkeit des Außenrings bei festem Innenring ($\omega_I = 0, \quad \omega_A^* = \omega_A + \omega_m$)

$$\omega_{AaM} = lz * (\omega_A + \omega_m)$$

Mit (3.2) $\omega_{AaM} = lz * \omega_A \frac{d_m - D}{2d_m}$

$$O_{AaM} = lz * \frac{d_m - D}{2d_m}$$

Kreisfrequenz ω_{WiM} der Erregung durch Axialkraft und Moment aus der Welligkeit der Wälzkörper bei festem Außenring ($\omega_A = 0, \quad \omega_W^* = \omega_W$)

$$\omega_{WiM} = l * \omega_W$$

Mit (3.5) $\omega_{WiM} = l * \omega_I \frac{(d_m + D)(d_m - D)}{2d_m D}$

$$O_{WiM} = l * \frac{(d_m + D)(d_m - D)}{2d_m D}$$

Kreisfrequenz ω_{WaM} der Erregung durch Axialkraft und Moment aus der Welligkeit der Wälzkörper bei festem Innenring ($\omega_I = 0, \quad \omega_W^* = \omega_W$)

$$\omega_{WaM} = l * \omega_W$$

Mit (3.3) $\omega_{WaM} = l * \omega_A \frac{(d_m + D)(d_m - D)}{2d_m D}$

$$O_{WaM} = l * \frac{(d_m + D)(d_m - D)}{2d_m D}$$

Die Amplituden aus der Welligkeit der Wälzkörper werden bei den gradem l besonders hoch sein.

Die beiden Kreisfrequenzen für die Welligkeit eines Bauteils (Innenring, Außenring, Wälzkörper) haben einen sehr einfachen Zusammenhang:

Die beiden Ordnungen für die Welligkeit eines Bauteils (Innenring, Außenring, Wälzkörper) sind identisch, allerdings hat sich dabei die Bezugs-Kreisfrequenz geändert.

$$O_{IiM} = O_{IaM} = l * O_I$$
$$O_{AiM} = O_{AaM} = l * O_A$$
$$O_{WiM} = O_{WaM} = l * O_W$$

Welligkeit	Ordnungen der axialen Erregungen (Axialkraft und Moment) für stehenden Außenring und stehenden Innenring. Ordnungs-Bezug ist jeweils die Drehung des bewegten Rings	
Innenring	$O_I = z * \frac{d_m + D}{2d_m}$	(3.23)
Außenring	$O_A = z * \frac{d_m - D}{2d_m}$	(3.24)
Wälzkörper	$O_W = \frac{(d_m + D)(d_m - D)}{2d_m D}$	(3.25)

Dies sind die klassischen Überrollordnungen, die in der Literatur vielfach zu finden sind [9, 10].

Für die Transformation der Radialkräfte auf das Koordinatensystem x, y, z werden einzelne spektrale Komponenten „l“ betrachtet für l ganze Zahl 1…∞. Aus (3.15) ergibt sich die Radialkraft-Komponente „l“ aus der Welligkeit des Innenrings:

$$
\begin{aligned}
frl\ (t) = &- e\xi\frac{z}{2}\left(F_{Ir(lz-1)}\sin((lz-1)\omega^{*}t) + F_{Ir(lz+1)}\ \sin\ ((lz+1)\omega^{*}t)\right) \\
&- e\eta\frac{z}{2}\left(F_{Ir(lz-1)}\cos((lz-1)\omega^{*}t) - F_{Ir(lz+1)}\ \cos\ ((lz+1)\omega^{*}t)\right)
\end{aligned}
$$

Rotierende Kraft mit konstantem Betrag. Drehrichtung im käfigfesten Koordinaten-system	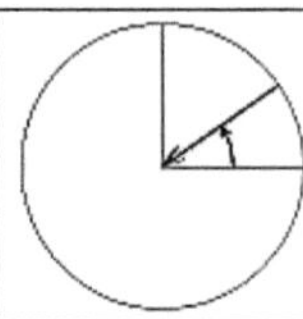	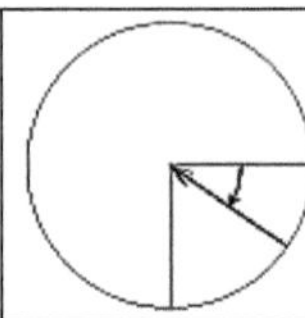

Aus (3.16) ergibt sich die Radialkraft-Komponente „l“ aus der Welligkeit des Außenrings:

$$
\begin{aligned}
frl(t) = &- e\xi\frac{z}{2}\left(F_{Ar(lz-1)}\sin((lz-1)\omega_A^{*}t\right) + F_{Ar(lz+1)}\sin((lz+1)\omega_A^{*}t)) \\
&- e\eta\frac{z}{2}\left(-F_{Ar(lz-1)}\cos((lz-1)\omega_A^{*}t) + F_{Ar(lz+1)}\cos((lz+1)\omega_A^{*}t)\right)
\end{aligned}
$$

Rotierende Kraft mit konstantem Betrag. Drehrichtung im käfigfesten Koordinaten-system	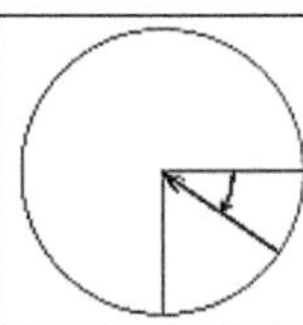	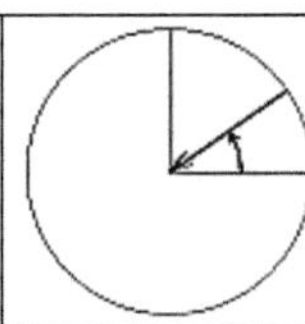

Für die Radialkraft aus der Welligkeit der Wälzkörper genügt es einen einzigen Wälzkörper zu betrachten (die Radialkraft aus der Welligkeit der einzelnen Wälzkörper können allgemein nicht zusammengefasst werden). Ohne Einschränkung der Allgemeinheit wird der Wälzkörper „0“ gewählt. Aus (3.17) ergibt sich unter Vernachlässigung der Phasen die Radialkraft-Komponente „l“ aus der Welligkeit des Wälzkörper „0“.

$$
fr0l(t) = -e\xi\left(F_{Kr0l}\sin\ \left(l\omega_W^{*}t\right)\right)
$$

Im käfigfesten Koordinatensystem feststehende pulsierende Kraft	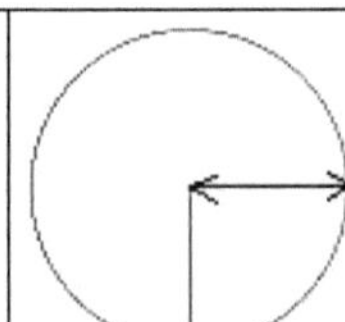

Für die Berechnung der Transformation für die Welligkeit des Innenrings und die Welligkeit des Außenrings werden die Abkürzungen a, b, c, d und Ω verwendet, sodass sich ergibt:

$$\begin{aligned} frl(t) =& e\xi(a \sin((lz-1)\Omega t) + b\sin((lz+1)\Omega t)) \\ &+ e\eta(c \cos((lz-1)\Omega t) + d\cos((lz+1)\Omega t)) \end{aligned}$$

Für die Welligkeit des Innenrings gilt:

$$\begin{aligned} &a = -\tfrac{z}{2}F_{Ir(lz-1)} && b = -\tfrac{z}{2}F_{Ir(lz+1)} \\ &c = a && d = -b \\ &\Omega = \omega^* \end{aligned}$$

Für die Welligkeit des Außenrings gilt:

$$\begin{aligned} &a = -\tfrac{z}{2}F_{Ar(lz-1)} && b = -\tfrac{z}{2}F_{Ar(lz+1)} \\ &c = -a && d = b \\ &\Omega = \omega_A^* \end{aligned}$$

Die Beziehungen für $e\xi$ und $e\eta$ eingesetzt:

$$\begin{aligned} frl\ (t) =& (\cos(\omega_m t)e_x + \sin(\omega_m t)e_y)(a \sin((lz-1)\Omega t) + b\sin((lz+1)\Omega t)) \\ &+ (-\sin(\omega_m t)e_x + \cos(\omega_m t)e_y)(c \cos((lz-1)\Omega t) + d\cos((lz+1)\Omega t)) \\ =& e_x\{a \cos(\omega_m t)\sin((lz-1)\Omega t) - c\sin(\omega_m t)\cos((lz-1)\Omega t) \\ &+ b\cos(\omega_m t)\sin((lz+1)\Omega t) - d\sin(\omega_m t)\cos((lz+1)\Omega t) \\ &+ e_Y\{a \sin(\omega_m t)\sin((lz-1)\Omega t) + c\cos(\omega_m t)\cos((lz-1)\Omega t) \\ &+ b\sin(\omega_m t)\sin((lz+1)\Omega t) + d\cos(\omega_m t)\cos((lz+1)\Omega t)\} \end{aligned}$$

Mit trigonometrischen Umformungen

$$\begin{aligned} frl(t) =& +0.5e_x\{a \sin((lz-1)\Omega - \omega_m)t + a\sin((lz-1)\Omega + \omega_m)t \\ &- c\sin(-(lz-1)\Omega + \omega_m)t - c\sin((lz-1)\Omega + \omega_m)t \\ &+ b\sin((lz+1)\Omega - \omega_m)t + b\sin((lz+1)\Omega + \omega_m)t \\ &- d\sin(-(lz+1)\Omega + \omega_m)t - d\sin((lz+1)\Omega + \omega_m)t\} \\ &+ 0.5e_y\{a \cos((lz-1)\Omega - \omega_m)t + a\cos((lz-1)\Omega + \omega_m)t \\ &+ c\cos((lz-1)\Omega - \omega_m)t + c\cos((lz-1)\Omega + \omega_m)t \\ &+ b\cos((lz+1)\Omega - \omega_m)t - b\cos((lz+1)\Omega + \omega_m)t \\ &+ d\cos((lz+1)\Omega - \omega_m)t - d\cos((lz+1)\Omega + \omega_m)t\} \\ =& +0.5e_x\{(a+c)\sin((lz-1)\Omega - \omega_m)t \\ &+ (a-c)\sin((lz-1)\Omega + \omega_m)t \\ &+ (b+d)\sin((lz+1)\Omega - \omega_m)t \\ &+ (b-d)\sin((lz+1)\Omega + \omega_m)t\} \\ &+ 0.5e_y\{(a+c)\cos((lz-1)\Omega - \omega_m)t \\ &+ (-a+c)\cos((lz-1)\Omega + \omega_m)t \\ &+ (b+d)\cos\big((lz+1)\Omega - \omega_m\big)t \\ &+ (-b+d)\cos((lz+1)\Omega + \omega_m)t\} \end{aligned}$$

Für die Welligkeit des Innenrings erhält man:

$$\begin{aligned} frl(t) = &-\mathrm{e}_x\{\frac{z}{2}F_{Ir(lz-1)}\sin((lz-1)\omega^*-\omega_m)t \\ &+\frac{z}{2}F_{Ir(lz+1)}\sin\big((lz+1)\omega^*+\omega_m\big)t\} \\ &-\mathrm{e}_y\{\frac{z}{2}F_{Ir(lz-1)}\cos((lz-1)\omega^*-\omega_m)t \\ &+\frac{z}{2}F_{Ir(lz+1)}\cos\big((lz+1)\omega^*+\omega_m\big)t\} \end{aligned}$$

Für die Welligkeit des Außenrings erhält man:

$$\begin{aligned} frl(t) = &-\mathrm{e}_x\{\frac{z}{2}F_{Ar(lz-1)}\ \sin((lz-1)\omega_A^*+\omega_m)t \\ &+\frac{z}{2}F_{Ar(lz+1)}\ \sin\big((lz+1)\omega_A^*-\omega_m\big)t\} \\ &-\mathrm{e}_y\{-\frac{z}{2}F_{Ar(lz-1)}\ \cos((lz-1)\omega_A^*+\omega_m)t \\ &+\frac{z}{2}F_{Ar(lz+1)}\ \cos\big((lz+1)\omega_A^*-\omega_m\big)t\} \end{aligned}$$

Transformation der Radialkraft aus der Welligkeit der Wälzkörper

$$\begin{aligned} fr0l(t) &= -\mathrm{e}\xi\left(F_{Kr0l}\sin\left(l\omega_W^*t\right)\right) \\ &= -(\cos(\omega_m * t)\mathrm{e}_x + \sin(\omega_m * t)\mathrm{e}_y)\left(F_{Kr0l}\sin\left(l\omega_W^*t\right)\right) \\ &= -F_{Kr0l}\{\sin\left(l\omega_W^*t\right)\cos(\omega_m * t)\mathrm{e}_x + \sin\left(l\omega_W^*t\right)\sin(\omega_m * t)\mathrm{e}_y\} \\ &= -0.5*F_{Kr0l}\mathrm{e}_x\left\{\sin\left(l\omega_W^*t - \omega_m * t\right) + \sin\left(l\omega_W^*t + \omega_m * t\right)\right\} \\ &\quad - 0.5*F_{Kr0l}\mathrm{e}_y\{\cos\left(l\omega_W^*t - \omega_m * t\right) - \cos\left(l\omega_W^*t + \omega_m * t\right))\} \end{aligned}$$

Welligkeit	Kreisfrequenzen der Erregung durch Radialkräfte	
	1	2
Innenring	$\omega_{I1} = (lz-1)\omega^* - \omega_m$	$\omega_{I2} = (lz+1)\omega^* + \omega_m$
Außenring	$\omega_{A1} = (lz-1)\omega_A^* + \omega_m$	$\omega_{A2} = (lz+1)\omega_A^* - \omega_m$
Wälzkörper	$\omega_{W1} = l\omega_W^* - \omega_m$	$\omega_{W2} = l\omega_W^* + \omega_m$

Im Folgenden werden die Kreisfrequenzen und die zugehörigen Ordnungen für die zwei Fälle „Innenring dreht sich, Außenring steht" und „Innenring steht, Außenring dreht sich" unterschieden. Für den Ordnungsbezug wird der drehende Ring benutzt. Die Fälle werden durch Indizes unterschieden. Das Muster zeigt die Tab. 3.2.

Kreisfrequenzen ω_{Ii1} *und* ω_{Ii2} der Erregung durch Radialkräfte aus der Welligkeit des Innenrings bei festem Außenring ($\omega_A = 0, \quad \omega^* = \omega_I - \omega_m$)

$$\omega_{Ii1} = (lz-1)\omega^* - \omega_m = (lz-1)(\omega_I - \omega_m) - \omega_m = lz(\omega_I - \omega_m) - \omega_I$$

Mit (3.4) $\omega_{Ii1} = lz(\omega_I - \omega_I\frac{\mathrm{d}_m - D}{2\mathrm{d}_m}) - \omega_I$

Tab. 3.2 Bezeichnungen der Kreisfrequenzen und der Ordnungen der Erregung durch Radialkräfte

Welligkeit	Drehung= Ordnungsbezug	Kreisfrequenzen ω der Erregung durch Radialkräfte Ordnungen O der Erregung durch Radialkräfte	
		1	2
Innenring	Innenring	ω_{Ii1}, O_{Ii1}	ω_{Ii2}, O_{Ii2}
	Außenring	ω_{Ia1}, O_{Ia1}	ω_{Ia2}, O_{Ia2}
Außenring	Innenring	ω_{Ai1}, O_{Ai1}	ω_{Ai2}, O_{Ai2}
	Außenring	ω_{Aa1}, O_{Aa1}	ω_{Aa2}, O_{Aa2}
Wälzkörper	Innenring	ω_{Wi1}, O_{Wi1}	ω_{Wi2}, O_{Wi2}
	Außenring	ω_{Wa1}, O_{Wa1}	ω_{Wa2}, O_{Wa2}

$$\omega_{Ii1} = \left\{ lz\left(\frac{\mathrm{d}_m + D}{2\mathrm{d}_m}\right) - 1 \right\}\omega_I$$

Mit (3.23) $\omega_{Ii1} = \{lO_I - 1\}\omega_I$

$$O_{It1} = lO_I - 1$$

$$entsprechend: \omega_{Ii2} = \{lO_I + 1\}\omega_I$$
$$O_{Ii2} = lO_I + 1$$

Kreisfrequenzen ω_{Ia1} *und* ω_{Ia2} der Erregung durch Radialkräfte aus der Welligkeit des Innenrings bei festem Innenring ($\omega_I = 0, \quad \omega^* = -\omega_m$)

$$\omega_{Ia1} = (lz - 1)\omega^* - \omega_m = -(lz - 1)\omega_m - \omega_m = -lz\omega_m$$

Mit (3.2) $\omega_{Ia1} = lz\frac{\mathrm{d}_m + D}{2\mathrm{d}_m}\omega_A$

$$Mit (3.23)\ \omega_{Ia1} = lO_I\omega_A$$
$$O_{Ia1} = lO_I$$

$$entsprechend: \omega_{Ia2} = lO_I\omega_A = \omega_{Ia1}$$
$$O_{Ia2} = lO_I = O_{Ia1}$$

Das ist ein bemerkenswertes Ergebnis: Bei feststehendem Innenring erscheinen die Erregungen aus zwei verschiedenen Welligkeiten des Innenrings $F_{Ir(lz-1)}$ und $F_{Ir(lz+1)}$ bei derselben Kreisfrequenz bzw. Ordnung (im feststehenden Koordinatensystem). Bei derselben Kreisfrequenz bzw. Ordnung erscheinen zusätzlich die Erregungen aus der Welligkeit des Innenrings aus der Axialkraft $F_{Ia(lz)}$ und aus dem Moment, also aus der Tangentialkraft $F_{It(lz)}$ des Innenrings.

Kreisfrequenzen ω_{Ai1} *und* ω_{Ai2} der Erregung durch Radialkräfte aus der Welligkeit des Außenrings bei festem Außenring ($\omega_A = 0, \quad \omega_A^* = \omega_m$)

$$\omega_{Ai1} = (lz - 1)\omega_A^* + \omega_m = (lz - 1)\omega_m + \omega_m = lz\omega_m$$

$$Mit(3.4) \quad \omega_{Ai1} = lz\frac{\mathrm{d}_m - D}{2\mathrm{d}_m}\omega_I$$

$$Mit(3.24) \quad \omega_{Ai1} = lO_A\omega_I$$
$$\mathrm{O}_{Ai1} = lO_A$$

$$entsprechend: \omega_{Ai2} = lO_A\omega_I = \omega_{Ai1}$$
$$\mathrm{O}_{Ai2} = lO_A = O_{Ai1}$$

Auch hier gilt: Bei feststehendem Außenring erscheinen die Erregungen aus zwei verschiedenen Welligkeiten des Außenrings $F_{Ar(lz-1)}$ und $F_{Ar(lz+1)}$ bei derselben Kreisfrequenz bzw. Ordnung (im feststehenden Koordinatensystem). Bei derselben Kreisfrequenz bzw. Ordnung erscheinen zusätzlich die Erregungen aus der Welligkeit des Außenrings aus der Axialkraft $F_{Aa(lz)}$ und aus dem Moment, also aus der Tangentialkraft $F_{At(lz)}$ des Außenrings.

Kreisfrequenzen ω_{Aa1}*und* ω_{Aa2} der Erregung durch Radialkräfte aus der Welligkeit des Außenrings bei festem Innenring ($\omega_I = 0, \quad \omega_A^* = \omega_A + \omega_m$)

$$\omega_{Aa1} = (lz - 1)\omega_A^* + \omega_m = (lz - 1)(\omega_A + \omega_m) + \omega_m = lz(\omega_A + \omega_m) - \omega_A$$

Mit (3.2) $\omega_{Aa1} = lz(\omega_A - \omega_A\frac{\mathrm{d}_m+D}{2\mathrm{d}_m}) - \omega_A$

$$\omega_{Aa1} = \left\{lz\left(\frac{\mathrm{d}_m - D}{2\mathrm{d}_m}\right) - 1\right\}\omega_A$$

Mit (3.24) $\omega_{Aa1} = \{lO_A - 1\}\omega_A$

$$\mathrm{O}_{Aa1} = lO_A - 1$$

Entsprechend: $\omega_{Aa2} = \{lO_A + 1\}\omega_A$

$$\mathrm{O}_{Aa2} = lO_A + 1$$

Kreisfrequenzen ω_{Wi1}*und* ω_{Wi2} der Erregung durch Radialkräfte aus der Welligkeit der Wälzkörper bei festem Außenring ($\omega_A = 0, \quad \omega_W^* = \omega_W$)

$$\omega_{Wi1} = l\omega_W^* - \omega_m = l\omega_W - \omega_m$$

Mit (3.4) und (3.5) $\omega_{Wi1} = \left\{l\frac{(\mathrm{d}_m+D)(\mathrm{d}_m-D)}{2\mathrm{d}_m D} - \frac{\mathrm{d}_m-D}{2\mathrm{d}_m}\right\}\omega_I.$

Mit (3.24) und (3.25) $\omega_{Wi1} = \left\{lO_W - \frac{O_A}{\mathrm{z}}\right\}\omega_I$

$$\mathrm{O}_{Wi1} = lO_W - \frac{O_A}{\mathrm{z}}$$

Entsprechend $\omega_{Wi2} = \left\{lO_W + \frac{O_A}{z}\right\}\omega_I$

$$O_{Wi2} = lO_W + \frac{O_A}{z}$$

Kreisfrequenzen ω_{Wa1} *und* ω_{Wa2} der Erregung durch Radialkräfte aus der Welligkeit der Wälzkörper bei festem Innenring ($\omega_I = 0, \quad \omega_W^* = \omega_W$)

$$\omega_{Wa1} = l\omega_W^* - \omega_m = l\omega_W - \omega_m$$

Mit (3.2) und (3.3) $\omega_{Wa1} = \left\{l\frac{(d_m+D)(d_m-D)}{2d_m D} + \frac{d_m+D}{2d_m}\right\}\omega_A.$

Mit (3.23) und (3.25) $\omega_{Wa1} = \left\{lO_W + \frac{O_I}{z}\right\}\omega_A$

$$O_{Wa1} = lO_W + \frac{O_I}{z}$$

Entsprechend: $\omega_{Wa2} = \left\{lO_W - \frac{O_I}{z}\right\}\omega_A$

$$O_{Wa2} = lO_W - \frac{O_I}{z}$$

3.4 Ordnungsmuster

Die mittleren Ordnungen sind für feststehenden Außenring und für feststehenden Innenring identisch. Die Seitenbänder sind für die beiden Fälle unterschiedlich.

Die Tab. 3.4 zeigt, welche Ordnungen der Welligkeit man gut hören (und messen) kann. Die Abschätzung im Abschn. 2 ergaben für die anderen Ordnungen Pegel, die um ca. 20dB (= Faktor 10 im linearen Maßstab) niedriger sind. Bei den feststehenden Ringen landen die Schwingungen aus 3 verschiedenen Ordnungen der Welligkeit **(l*z – 1, l*z, l*z + 1)** bei einer Ordnung $l * O_I$ bzw. $l * O_A$.

Abb. 3.14 zeigt das Ordnungsmuster der Erregung aus der Welligkeit des Innenrings für ein Kugellager 6205 mit rotierendem Innenring und festem Außenring. Charakteristisch ist das Muster aus der mittleren Ordnung mit höheren Harmonischen und den Seitenbändern im Abstand von ±1X. Die mittleren Ordnungen werden von der Axialkraft und vom Moment erzeugt. Die Seitenbänder von den Radialkräften.

Wären nur die mittleren Ordnungen vorhanden, wäre die Ordnung bei ca. 5,4 die Grundordnung und die höheren Ordnungen die ganzzahligen Vielfachen. Durch die Seitenbänder rutscht die Grundordnung auf ca. die 0,03448 X.

[8] erkennt Wälzlagerschäden aus dem Strom eines antreibenden Motors, also aus der Pulsation des Antriebsmoments. Man muss erwarten, dass sich im Antriebsmoment hauptsächlich die mittlere Ordnung des Trippels findet.

Tab. 3.3 Kreisfrequenzen und Ordnungen der Erregung, l ganze Zahl 1…∞. Die Ordnungen sind bei feststehendem Außenring auf die Innenring-Drehung bezogen und bei feststehendem Innenring auf die Außenring-Drehung

Welligkeit	Erregung	Drehung	Kreisfrequenzen ω der Erregung Ordnungen O der Erregung		
			−		+
Innenring			$\mathbf{O_I = z * \frac{d_m + D}{2d_m}}$		
	Axialkraft Moment	I-Ring ϶ A-Ring ⏚		$\omega_{IiM} = lO_I\omega_I$ $O_{IiM} = lO_I$	
		I-Ring ⏚ A-Ring ϶		$\omega_{IaM} = lO_I\omega_A$ $O_{IaM} = lO_I$	
	Radialkraft	I-Ring ϶ A-Ring ⏚	$\omega_{Ii1} = \{lO_I - 1\}\omega_I$ $O_{Ii1} = lO_I - 1$		$\omega_{Ii2} = \{lO_I + 1\}\omega_I$ $O_{Ii2} = lO_I + 1$
		I-Ring ⏚ A-Ring ϶		$\omega_{Ia2} = lO_I\omega_A = \omega_{Ia1}$ $O_{Ia2} = lO_I = O_{Ia1}$	
Außenring			$\mathbf{O_A = z * \frac{d_m - D}{2d_m}}$		
	Axialkraft Moment	I-Ring ϶ A-Ring ⏚		$\omega_{AiM} = lO_A\omega_I$ $O_{AiM} = lO_A$	
		I-Ring ⏚ A-Ring ϶		$\omega_{AaM} = lO_A\omega_A$ $O_{AaM} = lO_A$	
	Radialkraft	I-Ring ϶ A-Ring ⏚		$\omega_{Ai2} = lO_A\omega_I = \omega_{Ai1}$ $O_{Ai2} = lO_A = O_{Ai1}$	
		I-Ring ⏚ A-Ring ϶	$\omega_{Aa1} = \{lO_A - 1\}\omega_A$ $O_{Aa1} = lO_A - 1$		$\omega_{Aa2} = \{lO_A + 1\}\omega_A$ $O_{Aa2} = lO_A + 1$
Wälzkörper			$\mathbf{O_W = \frac{(d_m + D)(d_m - D)}{2d_m D}}$		
	Axialkraft Moment	I-Ring ϶ A-Ring ⏚		$\omega_{WiM} = lO_W\omega_I$ $O_{WiM} = lO_W$	
		I-Ring ⏚ A-Ring ϶		$\omega_{WaM} = lO_W\omega_A$ $O_{WaM} = lO_W$	
	Radialkraft	I-Ring ϶ A-Ring ⏚	$\omega_{Wi1} = \left\{lO_W - \frac{O_A}{z}\right\}\omega_I$ $O_{Wi1} = lO_W - \frac{O_A}{z}$		$\omega_{Wi2} = \left\{lO_W + \frac{O_A}{z}\right\}\omega_I$ $O_{Wi2} = lO_W + \frac{O_A}{z}$
		I-Ring ⏚ A-Ring ϶	$\omega_{Wa2} = \left\{lO_W - \frac{O_I}{z}\right\}\omega_A$ $O_{Wa2} = lO_W - \frac{O_I}{z}$		$\omega_{Wa1} = \left\{lO_W + \frac{O_I}{z}\right\}\omega_A$ $O_{Wa1} = lO_W + \frac{O_I}{z}$

Abb. 3.15 zeigt das Ordnungsmuster der Erregung aus der Welligkeit des Außenrings für ein Kugellager 6205 mit rotierendem Innenring und festem Außenring. Das Ordnungsmuster des stehenden Rings entspricht genau dem klassischen Modell: es besteht aus der Grundordnung (= Überrollordnung) und höhere Harmonische.

Tab. 3.4 Ordnungen der Welligkeit, l ganze Zahl 1…∞

Welligkeit	Erregung	Drehung	Ordnungen der Welligkeit		
			−		+
Innenring	Axialkraft Moment	I-Ring ɜ A-Ring ⏚		**l*z**	
		I-Ring ⏚ A-Ring ɜ		**l*z**	
	Radialkraft	I-Ring ɜ A-Ring ⏚	**l*z − 1**		**l*z + 1**
		I-Ring ⏚ A-Ring ɜ		**l*z − 1** **l*z** **l*z + 1**	
Außenring	Axialkraft Moment	I-Ring ɜ A-Ring ⏚		**l*z**	
		I-Ring ⏚ A-Ring ɜ		**l*z**	
	Radialkraft	I-Ring ɜ A-Ring ⏚		**l*z − 1** **l*z** **l*z + 1**	
		I-Ring ⏚ A-Ring ɜ	**l*z − 1**		**l*z + 1**
Wälzkörper	Axialkraft Moment	I-Ring ɜ A-Ring ⏚		**l**	
		I-Ring ⏚ A-Ring ɜ		**l**	
	Radialkraft	I-Ring ɜ A-Ring ⏚	**l**		**l**
		I-Ring ⏚ A-Ring ɜ	**l**		**l**

Abb. 3.16 zeigt das Ordnungsmuster der Erregung aus der Welligkeit der Kugeln für ein Kugellager 6205 mit rotierendem Innenring und festem Außenring. Charakteristisch ist das Muster aus der mittleren Ordnung mit höheren Harmonischen und den Seitenbändern im Abstand von $\pm\frac{d_m - D}{2d_m}$ (= Ordnung der Käfigdrehung). Die mittleren Ordnungen werden von der Axialkraft und vom Moment erzeugt. Die Seitenbänder von den Radialkräften. Die Seitenbänder entstehen ohne Modulation. Das Ordnungsmuster ist dem Ordnungsmuster aus der Welligkeit des (drehenden) Innenrings sehr ähnlich.

In Abb. 3.17 sind alle drei Ordnungsmuster der Erregung für ein Kugellager 6205 mit rotierendem Innenring und festem Außenring eingetragen.

Für einen rotierenden Außenring und einem festen Innenring erhält man gemäß Tab. 3.3 die entsprechenden Ordnungsmuster.

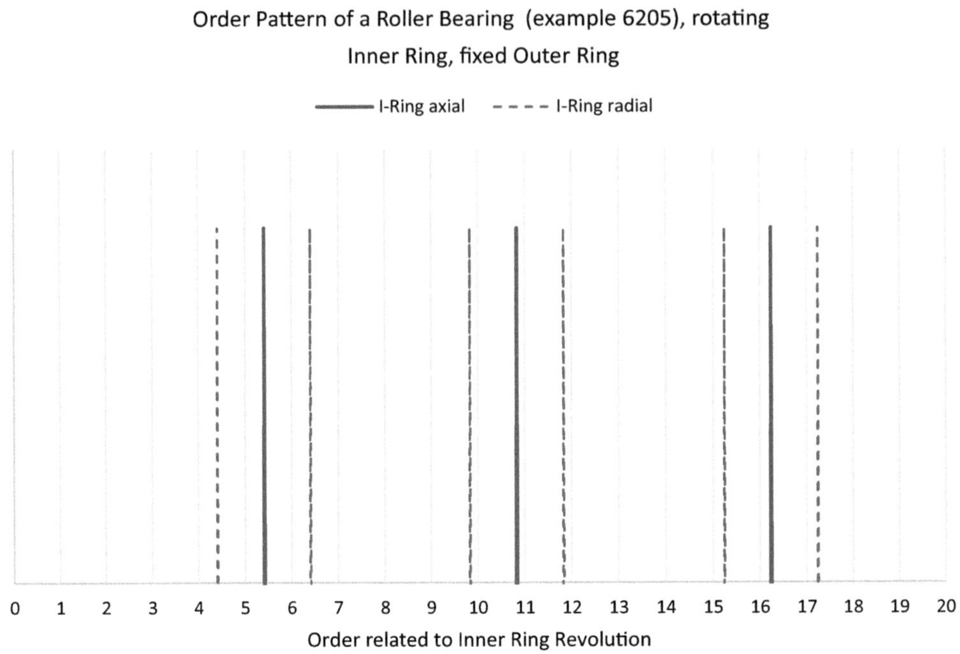

Abb. 3.14 Ordnungsmuster aus der Welligkeit des Innenrings eines Kugellagers 6205 mit festem Außenring und rotierendem Innenring

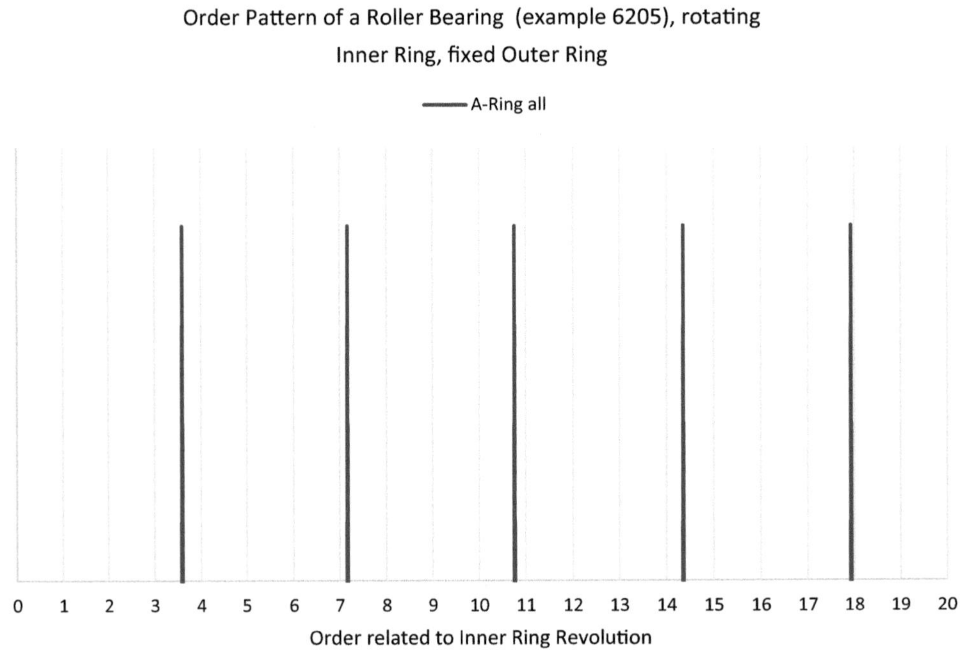

Abb. 3.15 Ordnungsmuster aus der Welligkeit des Außenrings eines Kugellagers 6205 mit festem Außenring und rotierendem Innenring

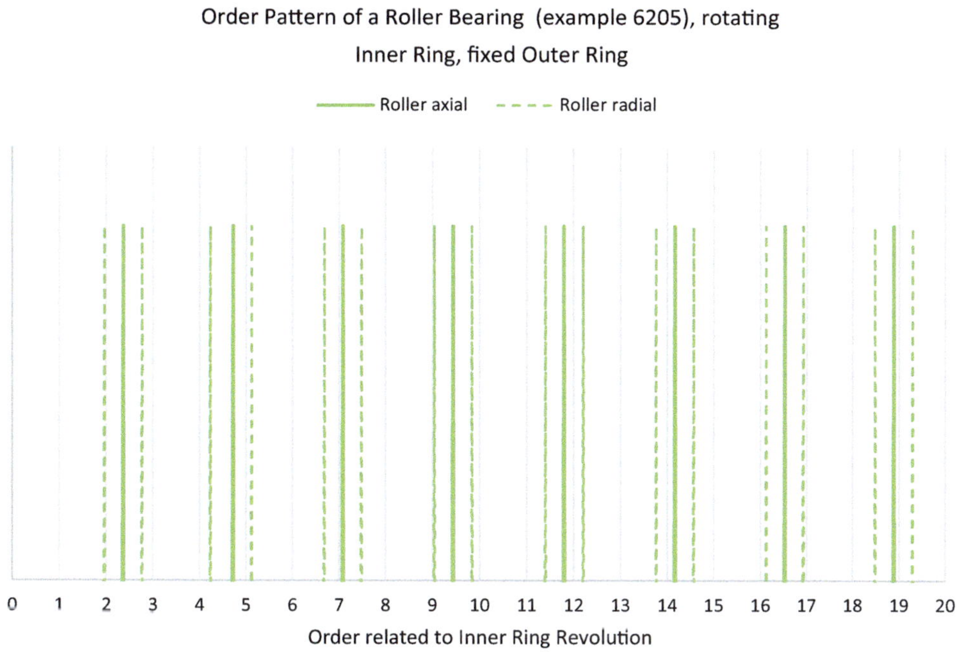

Abb. 3.16 Ordnungsmuster aus der Welligkeit der Kugeln eines Kugellagers 6205 mit festem Außenring und rotierendem Innenring

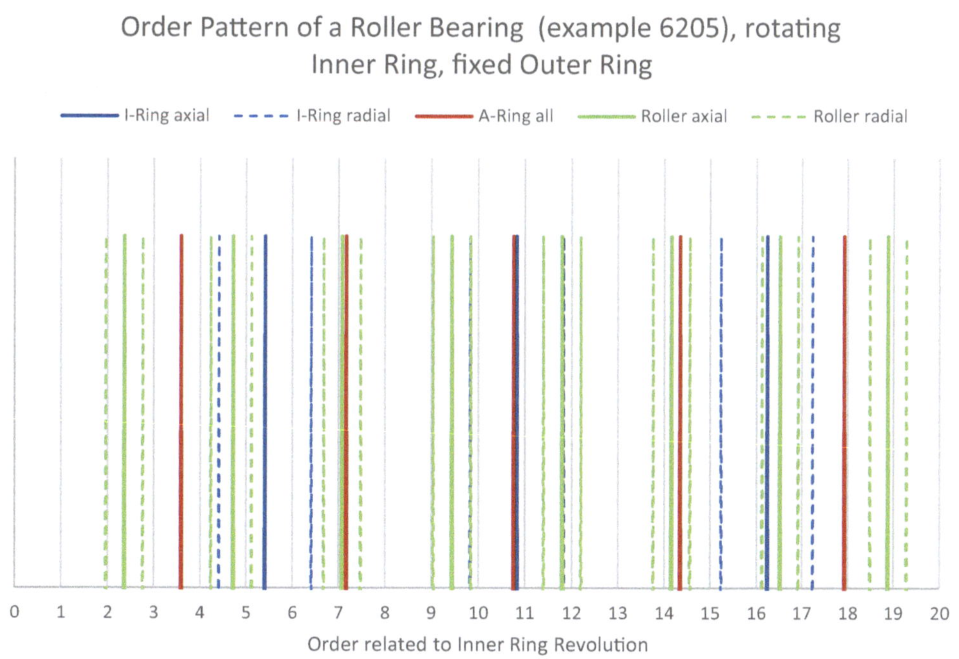

Abb. 3.17 Ordnungsmuster eines Kugellagers 6205 mit festem Außenring und rotierendem Innenring

Die Periodizität der Erregungen wurde schon einmal zu Beginn des Abschn. 3.3 diskutiert. Hier wird sie noch einmal an Hand der Ordnungsmuster diskutiert. Für die Welligkeit des Innenrings erhält man für den Fall „feststehender Innenring" die Grundordnung O_I. Wenn sich der Innenring dreht, kommen noch die Seitenbänder mit $O_I \mp 1$ hinzu. Damit steigt die Periodendauer für die Erregungen aus der Welligkeit des Innenrings stark. Für die dazugehörige Grundordnung O_{IG} gilt, dass sowohl O_I als auch $l * O_I \mp 1$ ganzzahlige Vielfache von O_{IG} sein müssen. Entsprechendes gilt für die Erregung aus der Welligkeit des Außenrings und der Wälzkörper.

Die langen Periodendauern der Wälzlager-Erregungen erklärt die Diskrepanz zwischen der vorliegenden Arbeit und der VDI 3832 [10] (und vielen anderen Autoren) in den Ansichten zu der Periodizität der Wälzlager-Signale. Die Messungen in Kap. 1 haben periodische, sogar ordnungsbezogene Signale ergeben. Die klassischen Überrollfrequenzen beinhalten periodische Vorgänge. Dem steht das folgende Zitat aus der VDI 3832 Abschn. 7.4 gegenüber: „Das normale Körperschallsignal eines ungeschädigten Wälzlagers ist eine breitbandige, hochfrequente, stationäre Zufallsschwingung (regellose Schwingung) …". In Wirklichkeit handelt es sich nicht um eine Zufallsschwingung sondern die Periodendauern des Körperschallsignals sind sehr lang.

Die langen Periodendauern der Wälzlager-Erregungen sind auch der Grund für einige messtechnische Problemen beim Wälzlagergeräusch. Zu Beginn des Abschn. 3.3 wurde für ein Kugellager 6205 mit festem Außenring für die Periodizität der Erregung durch die Welligkeit des Innenrings 29 Umdrehungen genannt. Wenn man diese Periodizität durch eine Messung erfassen will, muss man etwa 100 Umdrehungen der Zeitsignals erfassen. Dafür muss man auch die Betriebsbedingungen 100 Umdrehungen lang stabil halten. Bei einer Drehzahl von 3000 rpm und einer Abtastrate von 5 kHz erhält man eine Blocklänge von 10.000 Abtastungen. Mit diesem Zeitsignal kann man versuchen per Autokorrelation die Periodizitäten zu finden, alternativ nach einer FFT mit dem Cepstrum [11]. Beides dürfte an der enormen Blocklänge scheitern.

Literatur

1. Tallian, T.E., und O.G. Gustafsson. 1965. Progress in rolling bearing vibration. *Research and Control ASLE TRANSATIONS* 8 (3): 195–207 (Hat Seitenbänder und Zusammenhang mit Welligkeit).
2. Yhland, E.M. 1967. Waviness measurement – An instrument for quality control in rolling bearing industrie. *Proceedings of the Institution of Mechanical Engineers* 1967–1968 128 PT 3K (Hat Seitenbänder und Zusammenhang mit Welligkeit auf Prüfmaschine).
3. Wardle, F.P. 1987. Vibration forces produced by waviness oft he rolling surfaces of thrust loaded ball bearings. Part 1: Theory Proc Instn Mech Engrs Vol 202 No C5, 1988 (Hat Ordnungsmuster mit Seitenbändern.)
4. Wardle, F.P. 1987. Vibration forces produced by waviness oft he rolling surfaces of thrust loaded ball bearings. Part 2: Experimental validation. Proc Instn Mech Engrs Vol 202 No C5, 1988 (Hat Ordnungsmuster mit Seitenbändern.)

5. Tandon, N. und A. Choudhury. 1999. A theoretical modell to predict the vibration response of rolling bearing in a rotor bearing system to distributed defects under radial load. Journal of Tribology July 2000, Vol 122 (Hat Ordnungsmuster mit Seitenbändern und faule Kugel.)
6. Momono, Tatsunobu und Banda Noda. 1999. Sound and Vibration in Rolling Bearings Motion & Control No. 6 – 1999 NSK (Hat Ordnungsmuster mit Seitenbändern.)
7. Reitz, Klaus. 2004. *Betrachtung der Körperschallemission von Wälzlagern zur Verfeinerung der Zustandsdiagnose Diss*. TH Aachen.
8. Piantsop Mbo'o, Christelle et al. 2017. Frequenzselektiver Schadensindikator für die Diagnose von Wälzlagerschäden im elektrischen Antriebsstrang Antriebstechnik 5/2017.
9. Harris, Tedrik, A. 2001. Rolling bearing analysis, 4. Aufl. Wiley, Hoboken, New Jersey, USA
10. VDI Richtlinie 3832. 2013. *Körperschallmessungen zur Zustandsbeurteilung von Wälzlagern in Maschinen und Anlagen*. Beuth Verlag, Berlin
11. Randall, Robert, B. 2011. *Vibration-based condition monitoring*. Wiley.

4 Messungen zum Wälzlager – Modell

Zusammenfassung

Das Wälzlagermodell wird mit vielen Messungen überprüft. Das betrifft den Zustand der Kugellager: fabrikneu, durch Gebrauch gealtert, künstlich am Außenring geschädigt. Das betrifft auch die Betriebsart: Außenring steht fest, Innenring steht fest. Das Modell wird durch die Messungen sehr gut bestätigt.

Das Wälzlagermodell wird mit vielen Messungen überprüft. Das betrifft den Zustand der Kugellager: fabrikneu, durch Gebrauch gealtert, künstlich am Außenring geschädigt. Das betrifft auch die Betriebsart: Außenring steht fest, Innenring steht fest. Das Modell wird durch die Messungen sehr gut bestätigt.

Die Messungen gestatten auch einen interessanten Blick auf die Präzision der Lagerung. Die X-, Y-Bewegung der Rotationsachse findet man in den tieffrequenten Anteilen der Beschleunigung.

Die Beziehungen aus Tab. 3.3 wurden für das Kugellager 6205 (Tab. 4.1) und für das Kugellager 6204 (Tab. 4.2) ausgewertet. Dabei wurde der Berührwinkel nicht berücksichtigt.

Bei allen Kugellagern wurde die vorhandene Fettfüllung ausgewaschen. Die Kugellager wurden mit Petroleum geschmiert. Damit sind alle Kugellager der vorgestellten Messungen gleich geschmiert. Für eine möglichst lange Drehzahlrampe wurde als Schmiermittel Petroleum gewählt.

T. Grüner, *Wälzlagergeräusche*, https://doi.org/10.1007/978-3-662-63880-4_4

Tab. 4.1 Kugellager 6205, Ordnungen der Erregung, l ganze Zahl $1 \ldots \infty$, Berührwinkel nicht berücksichtigt

Welligkeit	Erregung	Drehung	Ordnungen der Erregung von Kugellager 6205 $\mathbf{d_m} = 39{,}1$; $D = 7{,}938$; $z = 9$		
			-		+
Innenring			$\mathbf{O_I = z * \frac{d_m + D}{2d_m} = 5{,}4136}$		
	Axialkraft Moment	I-Ring ↻ A-Ring ⊥		$1{*}5{,}4136$	
		I-Ring ⊥ A-Ring ↻		$1{*}5{,}4136$	
	Radialkraft	I-Ring ↻ A-Ring ⊥	$1{*}5{,}4136 - 1$		$1{*}5{,}4136 + 1$
		I-Ring ⊥ A-Ring ↻		$1{*}5{,}4136$	
Außenring			$\mathbf{O_A = z * \frac{d_m - D}{2d_m}} = 3{,}5864$		
	Axialkraft Moment	I-Ring ↻ A-Ring ⊥		$l * 3{,}5864$	
		I-Ring ⊥ A-Ring ↻		$l * 3{,}5864$	
	Radialkraft	I-Ring ↻ A-Ring ⊥		$l * 3{,}5864$	
		I-Ring ⊥ A-Ring ↻	$l * 3{,}5864 - 1$		$l * 3{,}5864 + 1$
Wälzkörper			$\mathbf{O_W = \frac{(d_m + D)(d_m - D)}{2 d_m D}} = 2{,}3613(\mathbf{*2})$		
	Axialkraft Moment	I-Ring ↻ A-Ring ⊥		$l * 2{,}3613$	
		I-Ring ⊥ A-Ring ↻		$l * 2{,}3613$	
	Radialkraft	I-Ring ↻ A-Ring ⊥	$l * 2{,}3613 - 0{,}398$		$l * 2{,}3613 + 0{,}398$
		I-Ring ⊥ A-Ring ↻	$l * 2{,}3613 - 0{,}602$		$l * 2{,}3613 + 0{,}602$

4.1 Messungen mit Kugellagern, die im normalen Gebrauch gealtert sind

Alle bisher gezeigten Messungen wurden mit diesen Kugellagern durchgeführt. Das Abb. 4.1 zeigt den Innenring des Kugellagers 6205. Mit bloßem Auge (und mit der Makrokamera) erkennt man eine matte Laufspur in der Mitte des Kugellagers. Sie besteht aus vielen sehr kleinen und nicht so vielen kleinen Vertiefungen.

Tab. 4.2 Kugellager 6204, Ordnungen der Erregung, l ganze Zahl 1…∞, Berührwinkel nicht berücksichtigt

Welligkeit	Erregung	Drehung	Ordnungen der Erregung von Kugellager 6204 $\mathbf{d_m}=33{,}5$; $D=7{,}938$; $z=8$		
			−		+
Innenring			$\mathbf{O_I = z * \frac{d_m+D}{2d_m} = 4{,}9478}$		
	Axialkraft Moment	I-Ring Ɔ A-Ring ⏚		1*4, 9478	
		I-Ring ⏚ A-Ring Ɔ		1*4, 9478	
	Radialkraft	I-Ring Ɔ A-Ring ⏚	1*4, 9478 − 1		1*4, 9478 + 1
		I-Ring ⏚ A-Ring Ɔ		1*4, 9478	
Außenring			$\mathbf{O_A = z * \frac{d_m-D}{2d_m}} = 3{,}0522$		
	Axialkraft Moment	I-Ring Ɔ A-Ring ⏚		$l * 3{,}0522$	
		I-Ring ⏚ A-Ring Ɔ		$l * 3{,}0522$	
	Radialkraft	I-Ring Ɔ A-Ring ⏚		$l * 3{,}0522$	
		I-Ring ⏚ A-Ring Ɔ	$l * 3{,}0522 - 1$		$l * 3{,}0522 + 1$
Wälzkörper			$\mathbf{O_W = \frac{(d_m+D)(d_m-D)}{2d_m D}} = 1{,}9916(\mathbf{*2})$		
	Axialkraft Moment	I-Ring Ɔ A-Ring ⏚		$l * 1{,}9916$	
		I-Ring ⏚ A-Ring Ɔ		$l * 1{,}9916$	
	Radialkraft	I-Ring Ɔ A-Ring ⏚	$l * 1{,}9916 - 0{,}382$		$l * 1{,}9916 + 0{,}382$
		I-Ring ⏚ A-Ring Ɔ	$l * 1{,}9916 - 0{,}618$		$l * 1{,}9916 + 0{,}618$

Im unteren Ordnungsbereich wird die Beschleunigung von der Unwucht (1X) und deren höheren Harmonischen dominiert (Abb. 4.2). 1X entsteht durch eine kreisförmige Bewegung des Schwerpunkts und zeigt die Unwucht des Rotors. Die höheren Harmonischen (2X, 3X, …) entstehen durch eine nicht kreisförmige Bewegung des Schwerpunkts des Rotors, d. h. durch Fehler der Lagerung, die periodisch mit der Umdrehung sind. Auch den Umlauf des Käfigs des Lagers 6205 kann man erkennen mit etlichen höheren Harmonischen: Der Schwerpunkt des Rotors bewegt sich auch auf einer deformierten Kreisbahn mit der Umdrehung des Käfigs, dies deutet auf eine „faule

Abb. 4.1 Innenring des Kugellagers 6205, in normalem Gebrauch gealtert

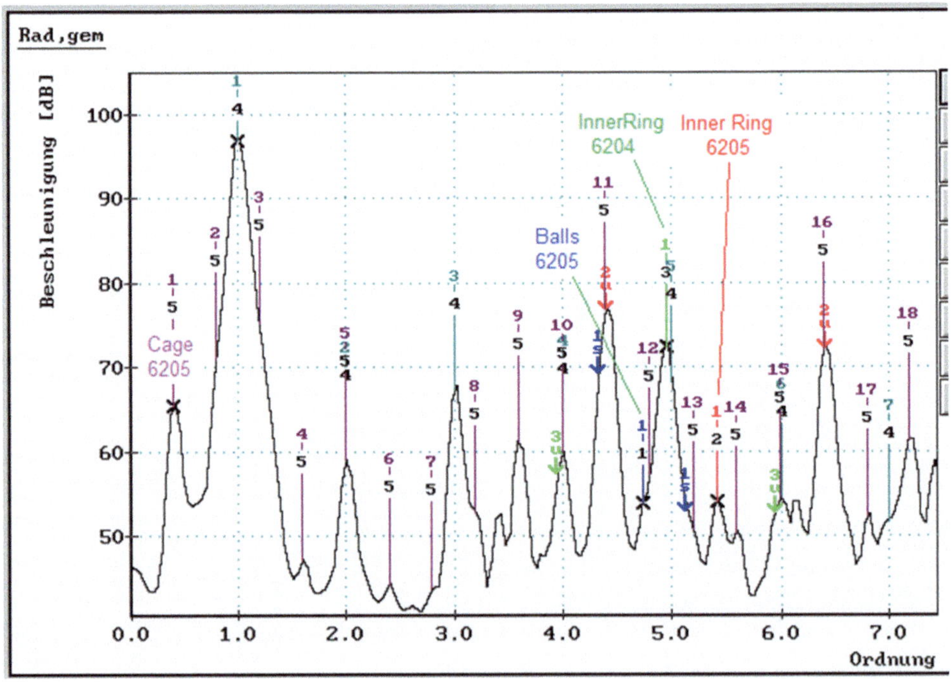

Abb. 4.2 Gemitteltes Ordnungsspektrum der radialen Beschleunigung mit hoher Auflösung, feststehende Außenringe

Tab. 4.3 Ordnungsmuster gealterte Kugellager mit feststehenden Außenringen

Feststehende Außenringe, radialen Beschleunigung			
Welligkeit Kugellager	Rechnerische Ordnung	Aus der Messung gefundene Ordnung	Kennzeichnung in den Diagrammen 4.1, 4.2, 4.3, 4.7
Kugeln 6205	4,723 ± 0,398	4,7302 ± 0,4	1 blau
Innenring 6205	5,414 ± 1	5,4044 ± 1	2 rot
Innenring 6204	4,948 ± 1	4,9464 ± 1	3 grün
Unwucht	1	1	4 türkis
Käfig 6205	0,398		5 magenta

Kugel“. Die höheren Harmonischen der 1X und die Käfigordnungen kennzeichnen die Präzision der Lagerung.

Im gemittelten Ordnungsspektrum findet man überwiegend die Ordnungsmuster aus der Welligkeit der Kugeln (1 blau) und des Innenrings (2 rot) des Kugellager 6205. (Abb. 4.3).

Typisch für den rotierenden Innenring sind die Ordnungstrippel für die Welligkeit des Innenrings. In Abb. 4.4 sind einige Ordnungstrippel markiert.

Für die tiefen Ordnungen bei feststehenden Innenringen erhält man ein ähnliches Bild wie bei feststehenden Außenringen (Abb. 4.6). Der Stator wurde nur lieblos gewuchtet, deshalb erhält man höhere Pegel für die 1X. Der Stator ist deutlich schwerer als der Rotor, deshalb erhält man höhere Pegel für die höheren Harmonischen der 1X. Die Ordnungsmuster der beiden Käfige (6205 rot, 6204 grün) sind erkennbar und etwa ab der dritten Harmonischen unterscheidbar. In der Farbdarstellung (Abb. 4.5) erkennt man das Wachstum der genannten Ordnungen mit der Drehzahl und einen Messfehler: Die konstante Komponente bei 35 Hz ist eine Schwingung, die vom Ventilator des Mess-PCs kommt. Dies ist eine periodische aber nicht ordnungsbezogene Schwingung. Sie sieht in der Farbdarstellung ähnlich aus wie eine Resonanzspitze, allerdings werden die Ordnungen, wenn sie darüber laufen nicht höher. Im Abb. 4.6 ist sie die breite Ordnungsspitze bei ca. 1,7X.

Neben der 1X und ihren Vielfachen findet man in der Messung die Ordnungsmuster gemäß Tab. 4.4 (Abb. 4.7). Einige Spitzen kann man als Seitenbänder aus der Welligkeit des Innenrings des Kugllagers 6205 mit 5,4081X ± 0,6 und ± 1,2 interpretieren. Diese Seitenbänder gehören zum Ordnungsmuster der Welligkeit des Innenrings mit „fauler Kugel“.

Abb. 4.8 zeigt einen Vergleich der gemittelten Ordnungsspektren mit feststehenden Außenringen und feststehenden Innenringen. Auf dem gemittelten Ordnungsspektrum mit feststehenden Außenringen (schwarz) ist das Ordnungsmuster der Kugeln des Lager 6205 (4,7302X ± 0,4, blau) und das Ordnungsmuster des Innenrings des Lager 6205 (5,4044X ± 1, rot) markiert. Die rot markierten Ordnungstrippel des Innenrings bei fest-

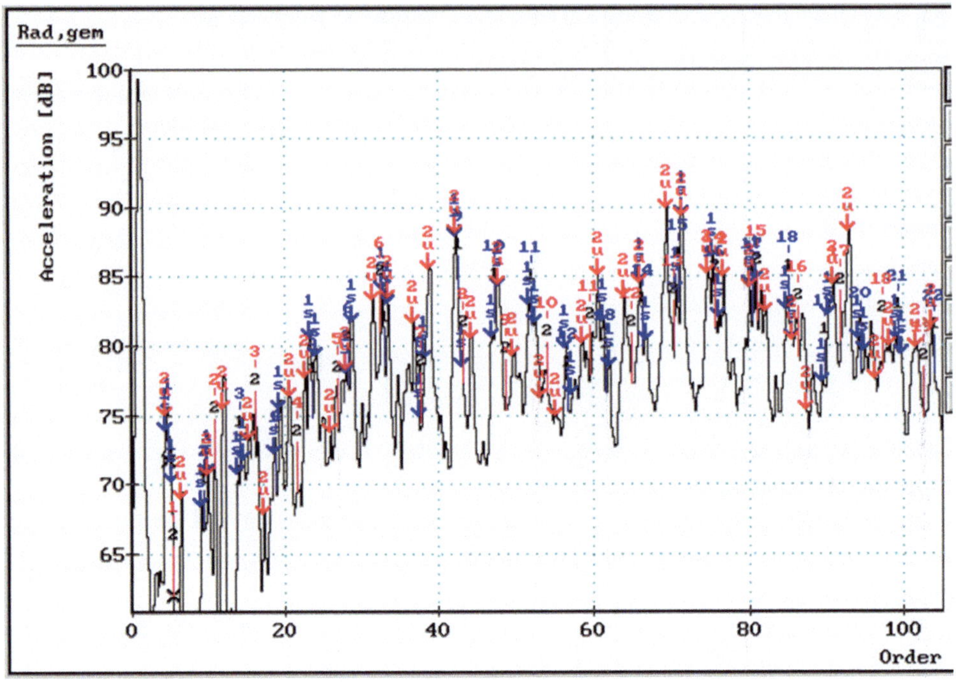

Abb. 4.3 Gemitteltes Ordnungsspektrum der radialen Beschleunigung, feststehende Außenringe

stehenden Außenringen werden bei feststehenden Innenringen zu einzelnen Spitzen. Wobei diese Spitzen im vorliegende Fall Seitenbänder im Abstand der Käfigdrehung des Lagers 6205 (0.6X) aufweisen (aus dem Ordnungsmuster Welligkeit des Innenrings mit „fauler Kugel").

Sowohl bei rotierender Welle als auch bei feststehender Welle entsprechen die gemessenen Ordnungsmuster dem Wälzlager-Modell.

Die gemessenen axialen Beschleunigungen unterscheiden sich nicht wesentlich von den gemessenen radialen Beschleunigungen. Dies ist eine Eigenschaft des Versuchsaufbaus: Die Eigenformen beinhalten überwiegend sowohl axiale wie radiale Komponenten. Diese werden dann sowohl von axialen als auch von radialen Erregungen angeregt. Selbst die Unwucht (1X) und ihre höhere Harmonische findet man in der axialen Beschleunigung mit ähnlichen Pegeln wie in der radialen Beschleunigung (Vergleich Abb. 4.9 mit Abb. 4.6). Ein witziger Unterschied beim vorliegenden Beispiel: In der radialen Beschleunigung findet man die Käfigdrehung, in der axialen Beschleunigung findet man die 0.5X und ihre höheren Harmonischen. Die 0.5X muss man als Subharmonische ansehen, sie passt nicht ins lineare Modell.

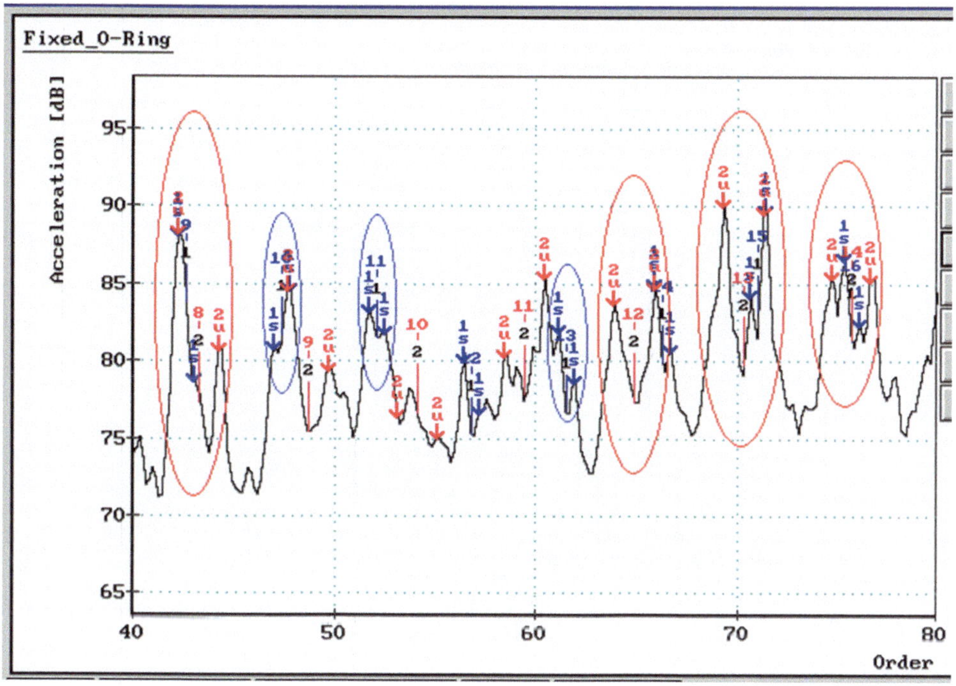

Abb. 4.4 Gemitteltes Ordnungsspektrum der radialen Beschleunigung, Ausschnitt aus Abb. 4.3, feststehende Außenringe. Blaue Markierungen Ordnungstrippel der Kugeln 6205. Rote Markierungen Ordnungstrippel Innenring 6205

Neben der 1X und ihren Vielfachen findet man in der Messung die Ordnungsmuster gemäß Tab. 4.5 (Abb. 4.10). Einige Spitzen kann man als Seitenbänder aus der Welligkeit des Innenrings des Kugllagers 6205 mit 5,4030X $\pm$ 0,6 interpretieren. Diese Seitenbänder gehören zum Ordnungsmuster aus der Welligkeit des Innenrings mit „fauler Kugel". Abb. 4.11 zeigt die Verhältnisse als Ausschnitt von Abb. 4.10.

4.2 Messungen mit fabrikneuen Kugellagern

Die Kugellager wurden ausgewaschen und mit Petroleum geschmiert. Auch mit den fabrikneuen Kugellagern ist das Kugellagergeräusch subjektiv deutlich hörbar. Der Drehzahlverlauf (Abb. 4.12) lässt erkennen, dass die gealterten Kugellager eine deutlich höhere Reibung haben als die fabrikneuen Kugellager.

Abb. 4.13 zeigt Frequenzspektren der radialen Schwingbeschleunigung als Funktion von der Drehzahl mit fabrikneuen Kugellagern und feststehenden Außenringen. Das vergleichbare Bild für gealterte Kugellager ist Abb. 1.10. Bitte beachten Sie die unterschiedlichen Pegelhöhen. Auch hier ist die Struktur bei konstanten Frequenzen

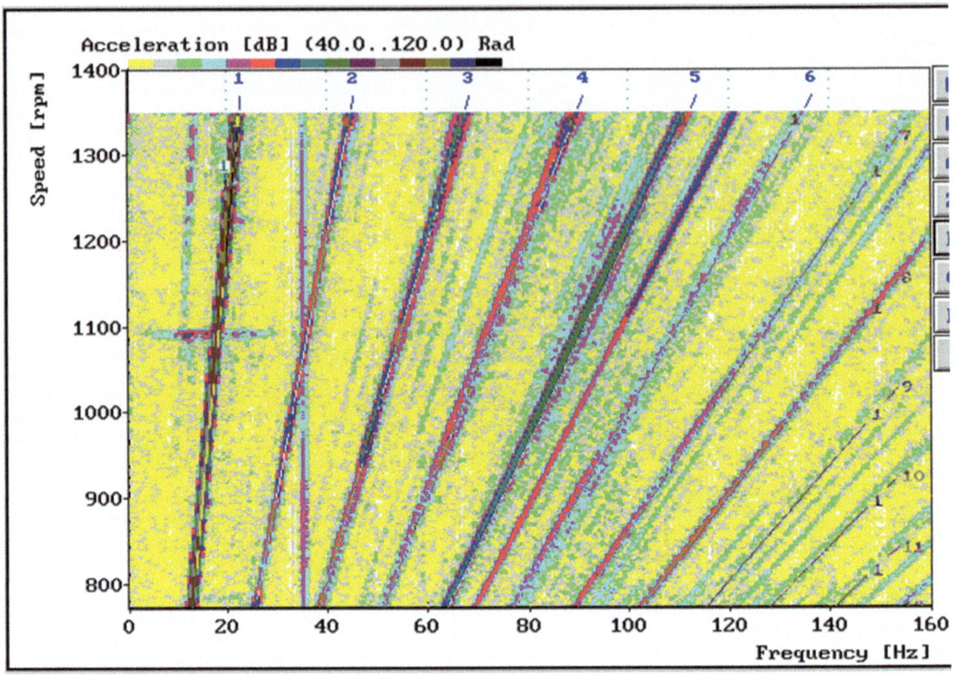

Abb. 4.5 Farbdarstellung der radialen Beschleunigung, feststehende Innenringe, das 1X Muster ist markiert

(Resonanzen) und die fächerartige Struktur der ordnungsbezogenen (periodischen und drehzahlproportionalen) Erregung gut zu erkennen. Abb. 4.14 zeigt dieselbe Schwingbeschleunigung in einer höheren Frequenzauflösung. Die fächerartige Struktur wird sehr deutlich. Offensichtlich sind bei der Erregung sehr viele, etwa gleich starke Ordnungen beteiligt.

Abb. 4.15 zeigt einen Vergleich der gemittelten Frequenzspektren mit fabrikneuen und mit gealterten Kugellagern. Der Verlauf stimmt im Großen Ganzen überein. Offensichtlich sind die niedrigeren Pegel bei fabrikneuen Lagern und eine teilweise deutlich unterschiedliche Ausprägung einzelner Resonanzen. Die 12 Erregungen der 2 Kugellager haben in den beiden Fällen unterschiedliche Pegel, dadurch werden die einzelnen Resonanzen nicht gleich erregt. Zusätzlich muss man mit mechanischen Unterschieden von alten und neuen Lagern rechnen: Die alten Lager wurden ca. 20 Jahre früher von einem anderen Hersteller gefertigt.

Auch bei den gemittelten Ordnungsspektren (Abb. 4.16) erkennt man die deutlich geringeren Pegel der fabrikneuen Kugellager.

An der Erregung durch die fabrikneuen Kugellager sind sehr viele Ordnungsmuster beteiligt (Abb. 4.17). Die Pegel der verschiedenen Ordnungsmuster sind ähnlich hoch.

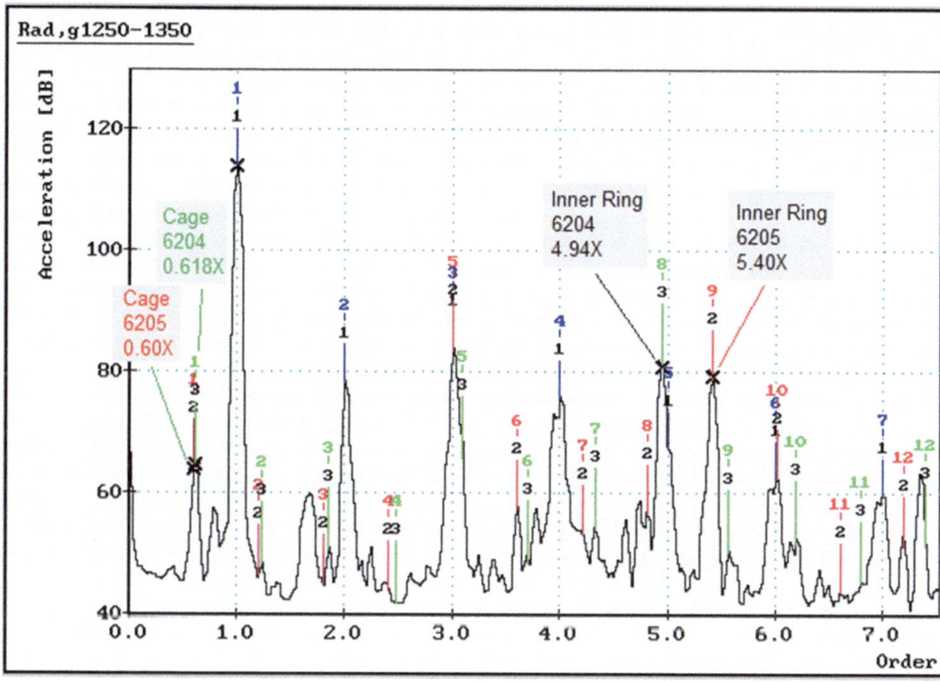

Abb. 4.6 Gemitteltes Ordnungsspektrum der radialen Beschleunigung zwischen 1350 rpm und 1250 rpm, feststehende Innenringe

Tab. 4.4 Ordnungsmuster gealterte Kugellager mit feststehenden Innenringen

Feststehender Innenring, radialen Beschleunigung			
Welligkeit Kugellager	Rechnerische Ordnung	Aus der Messung gefundene Ordnung	Kennzeichnung im Diagramm 4.6 und 4.7
Kugeln 6205	4,723 ± 0,60	4,7324 ± 0,6	1 blau
Innenring 6205	5,414	5,4081	2 rot
Innenring 6204	4,948	4,9271	3 grün

Abb. 4.18 zeigt erneut den periodischen und ordnungsbezogenen Charakter der Erregung durch die fabrikneuen Kugellager. Aus diesen Frequenzspektren mit sehr hoher Auflösung wurde das gemittelte Ordnungsspektrum in Abb. 4.19 bestimmt. Man erkennt die Unwucht (1X) und die Abweichung von der kreisförmigen Bewegung des Schwerpunkts (2X, 3X, 4X). Im Gegensatz zu den gealterten Kugellagern findet man kein Ordnungsmuster aus einer Käfigdrehung. Dafür taucht die 0,5X auf.

Die Schwingungen, die durch fabrikneue Kugellager entstehen, sind periodisch mit drehzahlproportionaler Frequenz (ordnungsbezogen).

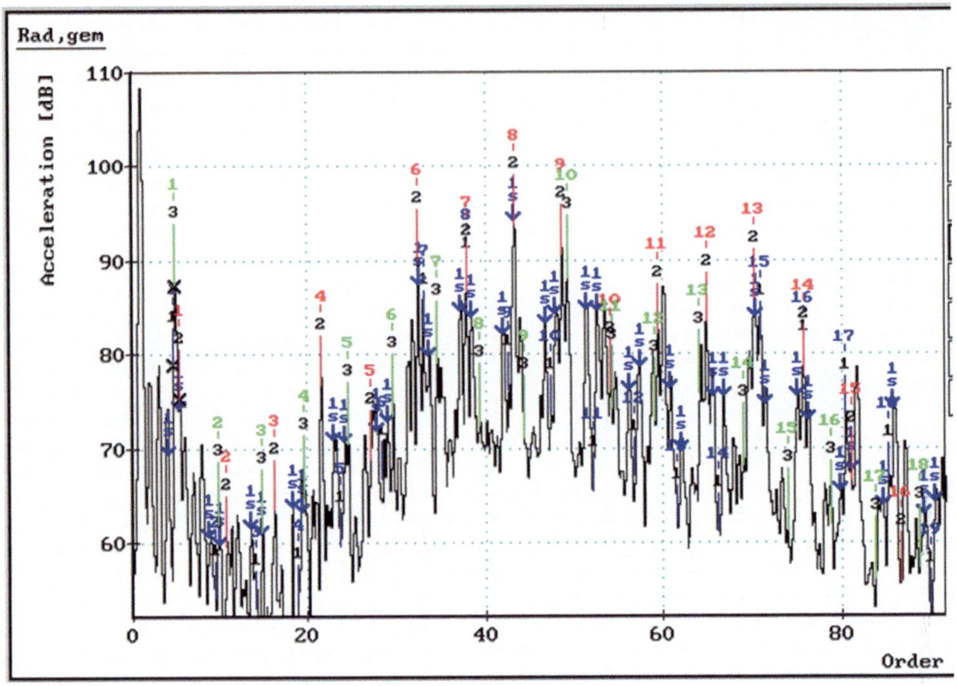

Abb. 4.7 Gemitteltes Ordnungsspektrum der radialen Beschleunigung zwischen 1350 rpm und 750 rpm, feststehende Innenringe

4.3 Messungen mit fabrikneuen Kugellagern mit einer künstlich erzeugten Schädigung an einem Außenring

Der Außenring des Kugellagers 6205 wurde an einer Stelle durch Anschleifen künstlich geschädigt (Abb. 4.20). Die Messungen wurden zunächst mit stehenden Außenringen, anschließend mit stehenden Innenringen durchgeführt.

Mit stehenden Außenringen ist das Geräusch subjektiv sehr laut, es hört sich an, als würde man mit einem Schraubenzieher auf einem drehenden Zahnrad streifen. Abb. 4.21 zeigt das Zeitsignal der radialen Beschleunigung bei feststehenden Außenringen. Die Dauer zwischen der Überrollung von einer Kugel zur nächsten ist markiert. Die Schwingbeschleunigung aufgrund der Unwucht wurde nicht weggefiltert, sie ist wesentlich kleiner als die Schwingbeschleunigung aufgrund des geschädigten Außenrings. Solche Abbildungen findet man vielfach in der Literatur.

Offensichtlich ist der Vorgang mit der Überrollung nicht vollständig periodisch. In Abb. 4.21 erkennt man zwischen den Überrollungen sehr deutliche Unterschiede.

Die Farbdarstellung der Frequenzspektren der radialen Schwingbeschleunigung in Abb. 4.22 zeigt die periodische ordnungsbezogene Erregung und die Resonanzen des

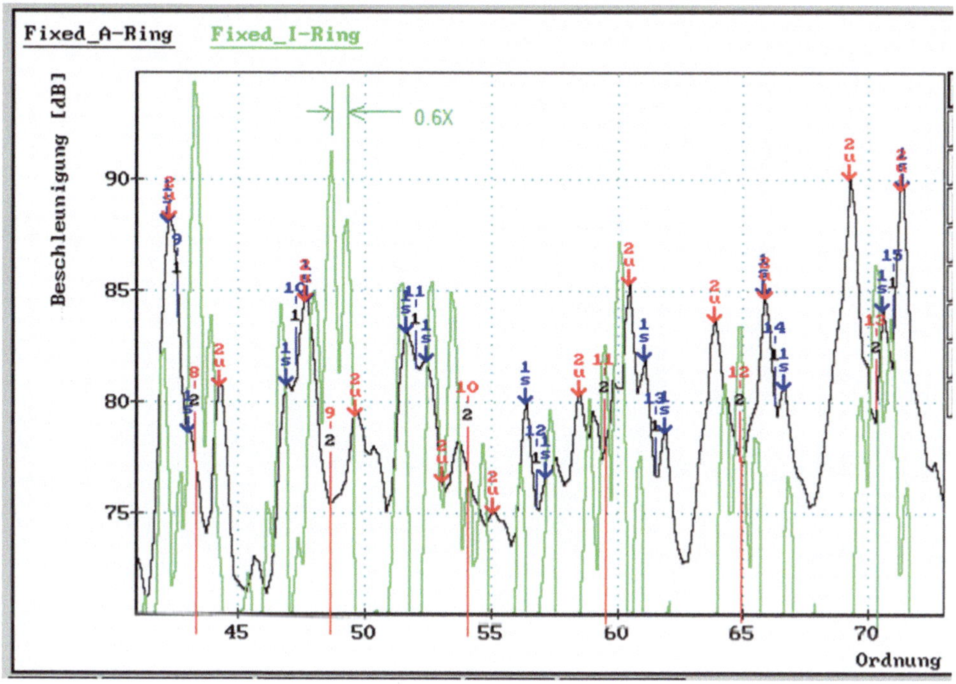

Abb. 4.8 Gemitteltes Ordnungsspektrum der radialen Beschleunigung. Vergleich feststehende Außenringe (schwarz) und feststehende Innenringe (grün)

Systems. Das gemittelte Ordnungsspektrum in Abb. 4.23 zeigt fast ausschließlich das Ordnungsmuster aus der Welligkeit des Außenrings. Im mittleren Ordnungsbereich ab ca. 150X kommen Seitenbänder hinzu (Abb. 4.24). Im höheren Ordnungsbereich (Abb. 4.25) werden die Seitenbänder, vor allem + 1 die stärksten Komponenten.

Die Farbdarstellung der Frequenzspektren der radialen Schwingbeschleunigung mit hoher Frequenzauflösung zeigt erneut die periodische und ordnungsbezogene Erregung (Abb. 4.26). Das daraus gewonnene gemittelte Ordnungsspektrum mit hoher Auflösung zeigt ein ganzes Bündel von Seitenbändern (Abb. 4.27). Die Ordnungen, die mit Pfeilen mit s und t gekennzeichnet sind, gehören zum Ordnungsmuster Welligkeit des Außenrings mit „fauler Kugel". Für die Seitenbänder ($u = \pm 1$) muss man einen nichtlinearen Entstehungsmechanismus (ähnlich der Modulationstheorie) bemühen. Die Macke am Außerring ist feststehen, damit kommt nur die Unwucht als Ursache infrage. Hier verlässt man den festen Boden des linearen Modells: Eine Erregung beeinflusst die anderen Erregungen. Das Superpositionsprinzip ist nicht mehr gültig. Man muss vermuten, dass die Seitenbänder auch über der 30X auftreten, aber den Nachweis gibt das verwendete Messsystem DGLab nicht her. Die Seitenbänder sind die Ursache dafür, dass der Vorgang mit der Überrollung nicht vollständig periodisch ist (Abb. 4.21).

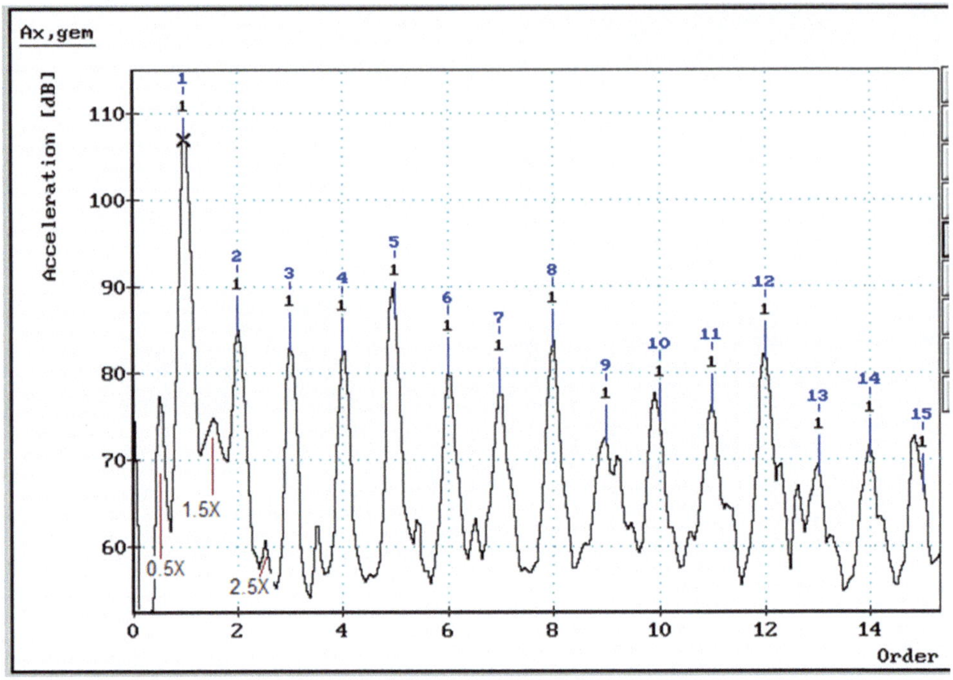

Abb. 4.9 Gemitteltes Ordnungsspektrum der axialen Beschleunigung. Feststehende Innenringe

Tab. 4.5 Ordnungsmuster gealterte Kugellager mit feststehenden Innenringen, axiale Beschleunigung

Feststehender Innenring, axiale Beschleunigung			
Welligkeit Kugellager	Rechnerische Ordnung	Aus der Messung gefundene Ordnung	Kennzeichnung im Diagramm 4.9, 4.10
Kugeln 6205	4,723 ± 0,60	4,7283 ± 0,6	1 blau
Innenring 6205	5,414	5,4030 ± 0,6	2 rot

Dieselben Kugellager (6204 fabrikneu und 6205 fabrikneu mit künstlich geschädigtem Außenring) wurden nun mit feststehenden Innenringen betrieben. Abb. 4.28 zeigt ein Zeitsignal der radialen Beschleunigung bei 1271 rpm. Im Zeitsignal ist keine Periodizität zu erkennen. In der Farbdarstellung der Frequenzspektren (Abb. 4.29 und Abb. 4.30) derselben radialen Beschleunigung ist das Signal eindeutig periodisch und sogar mit drehzahlproportionalen Frequenzen.

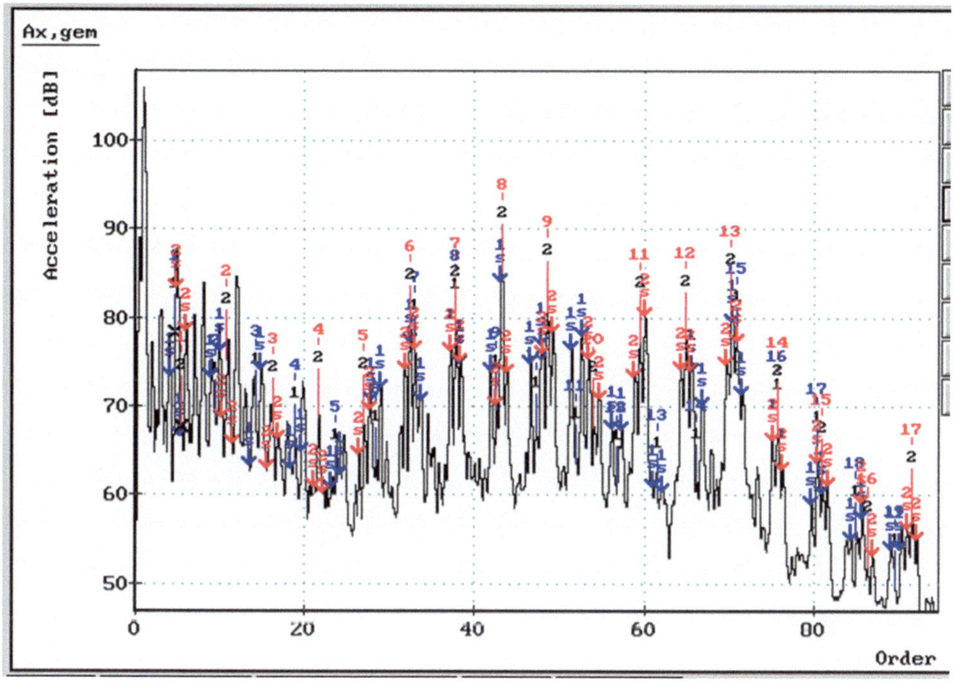

Abb. 4.10 Gemitteltes Ordnungsspektrum der axialen Beschleunigung. Feststehende Innenringe

Die Abb. 4.31 und 4.32 zeigen das gemittelte Ordnungsspektrum der radialen Schwingbeschleunigung. Das Außenring-Muster (3,6054X ± 1) ist markiert. Die Seitenbänder mit ± 1X, d. h. die Erregung durch die Radialkräfte, sind meistens stärker als die mittleren Ordnungen (Erregung durch die axialen Lasten). Die Seitenbänder mit ± 1X sind der Grund, weshalb man im Zeitsignal (Abb. 4.28) keine Periodizität erkennt.

Im gemittelten Ordnungsspektrum mit hoher Auflösung der radialen Schwingbeschleunigung (Abb. 4.33) erkennt man zusätzliche Seitenbänder. Sie sind mit s = ± 0,4 und t = ± 1,6 markiert. Auch hier findet man das Muster aus Welligkeit des Außenrings mit „fauler Kugel“.

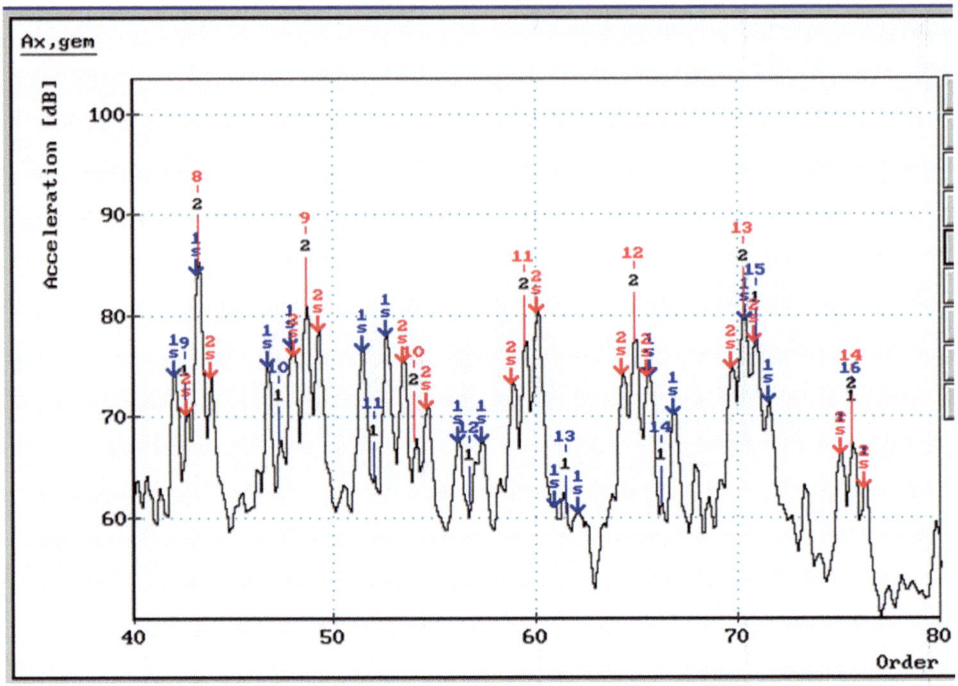

Abb. 4.11 Gemitteltes Ordnungsspektrum der axialen Beschleunigung. Feststehende Innenringe, Ausschnitt aus Abb. 4.10

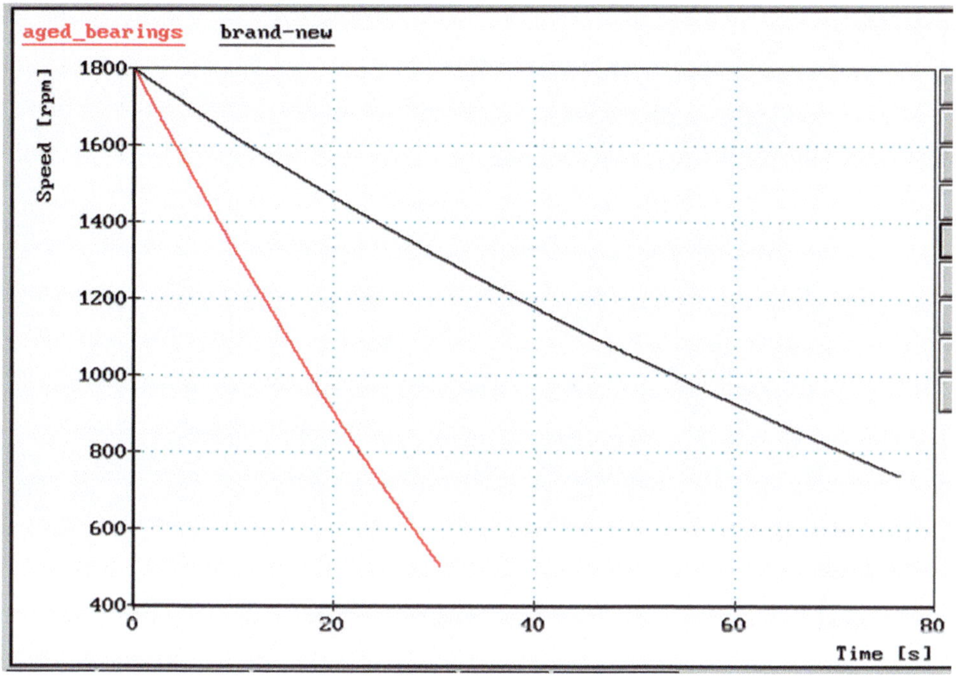

Abb. 4.12 Drehzahlverlauf mit gealterten und mit fabrikneuen Kugellagern

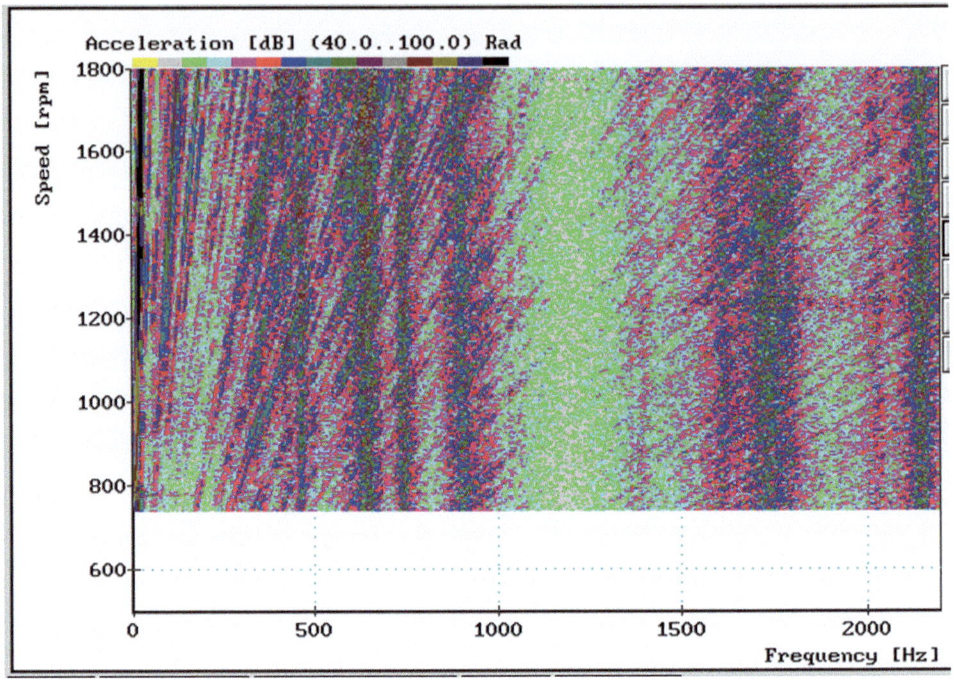

Abb. 4.13 Frequenzspektren der radialen Schwingbeschleunigung als Funktion von der Drehzahl, feststehende Außenringe, fabrikneue Kugellager

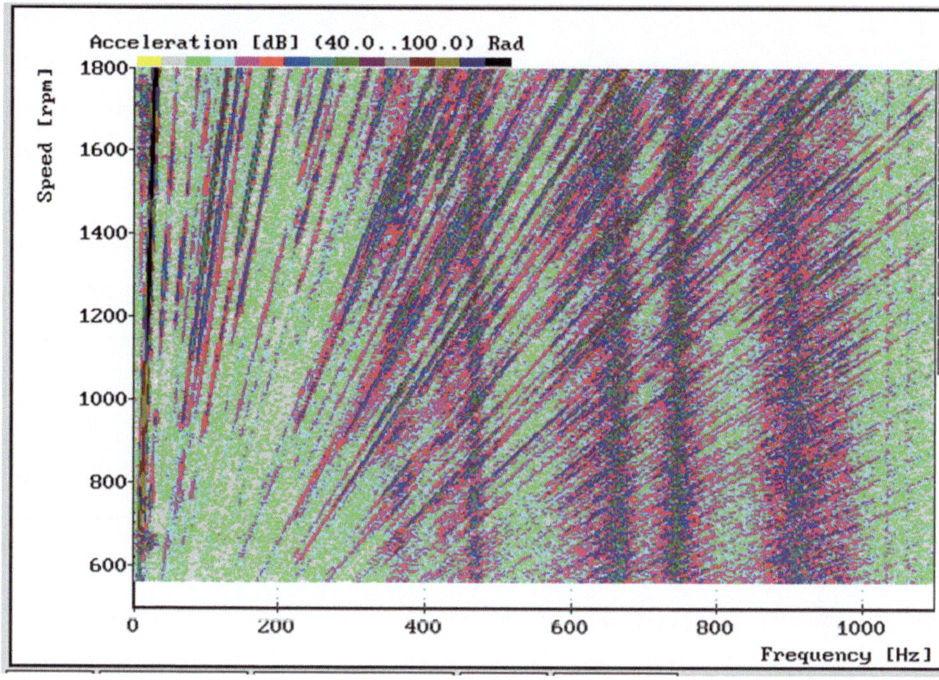

Abb. 4.14 Frequenzspektren mit hoher Auflösung der radialen Schwingbeschleunigung als Funktion von der Drehzahl, feststehende Außenringe, fabrikneue Kugellager

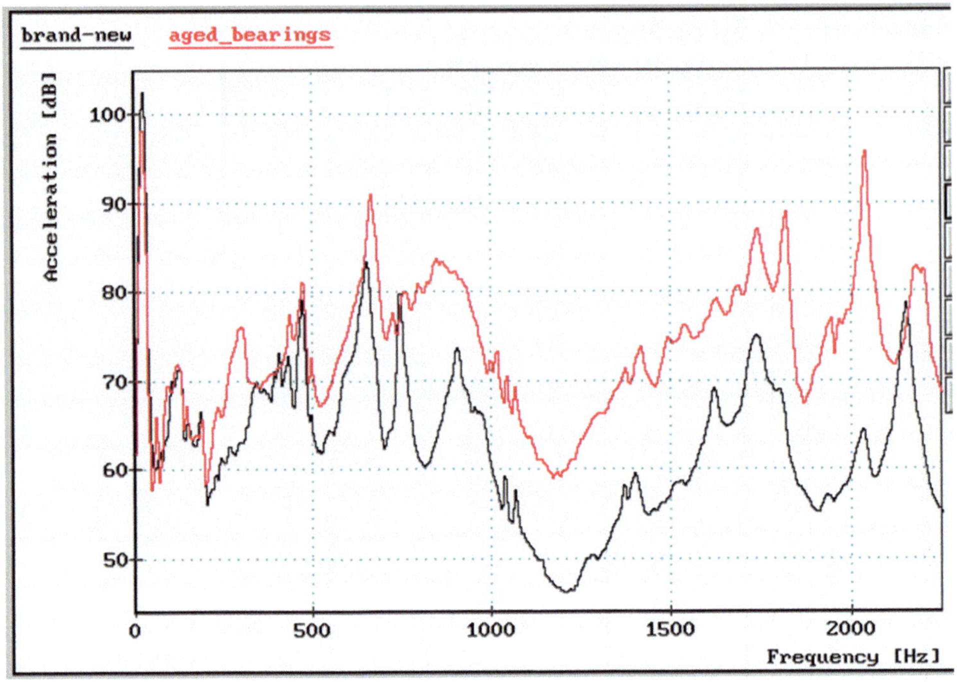

Abb. 4.15 Gemittelte Frequenzspektren der radialen Schwingbeschleunigung, feststehende Außenringe, fabrikneue und gealterte Kugellager

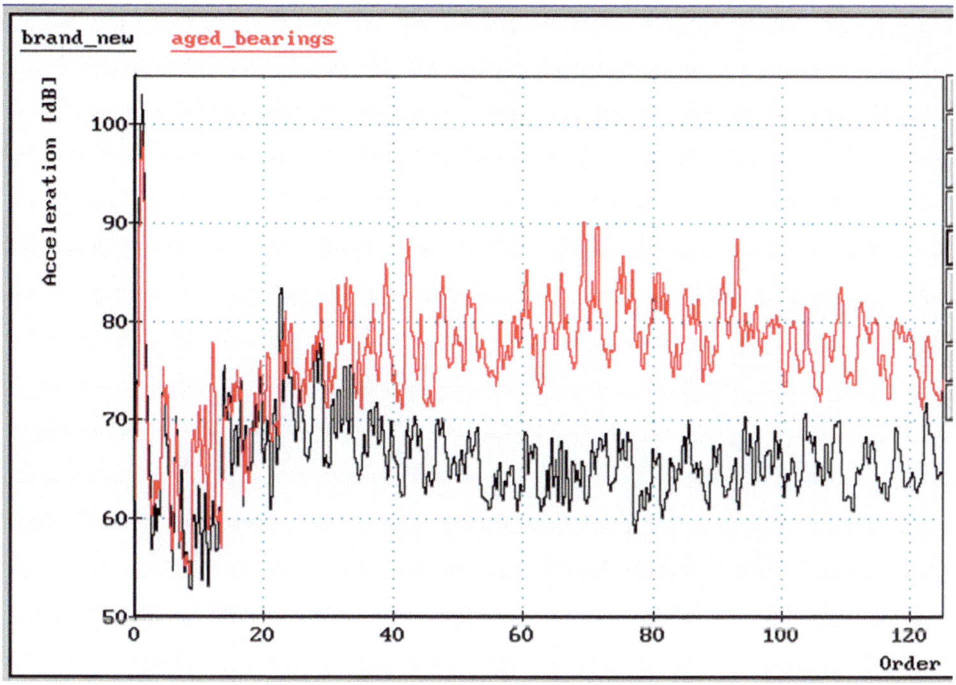

Abb. 4.16 Gemittelte Ordnungsspektren der radialen Schwingbeschleunigung, feststehende Außenringe, fabrikneue und gealterte Kugellager

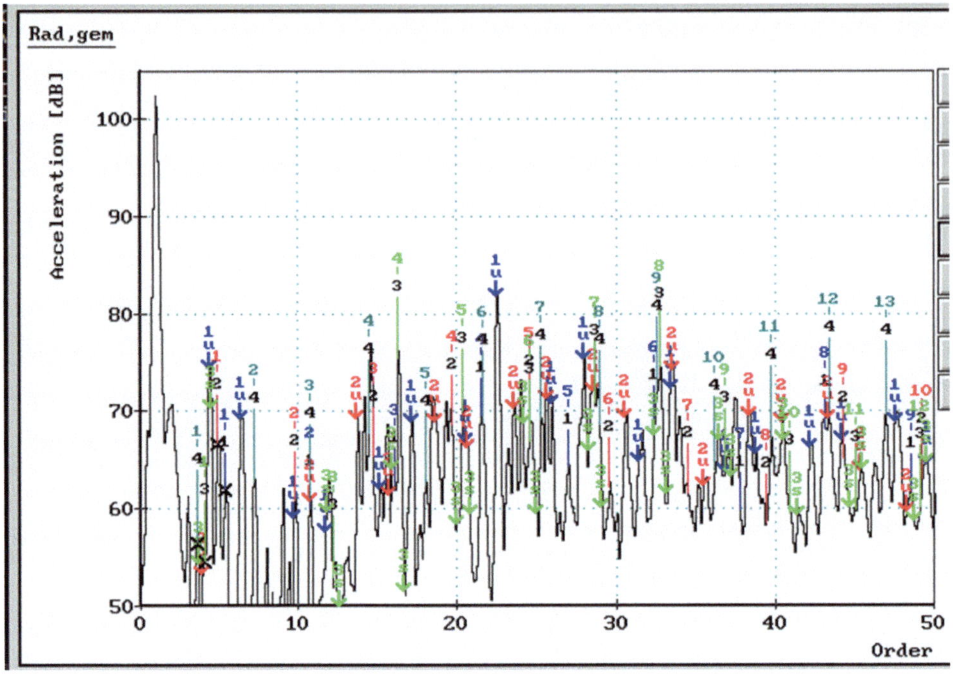

Abb. 4.17 Gemittelte Ordnungsspektren der radialen Schwingbeschleunigung, feststehende Außenringe, fabrikneue Kugellager, Markierungen gemäß Tab. 4.6

Tab. 4.6 Ordnungsmuster fabrikneue Kugellager mit feststehenden Außenringen

Feststehende Außenringe, radialen Beschleunigung, fabrikneue Kugellager			
Welligkeit Kugellager	Rechnerische Ordnung	Aus der Messung gefundene Ordnung	Kennzeichnung im Diagramm 4.17, 4.19
Innenring 6205	5,4136 ± 1	5,3898 ± 1	1 blau
Innenring 6204	4,9478 ± 1	4,9190 ± 1	2 rot
Kugeln 6204	3,9832 ± 0,38	4,0887 ± 0,38	3 grün
Außenring 6205	3,5864	3,6105	4 türkis

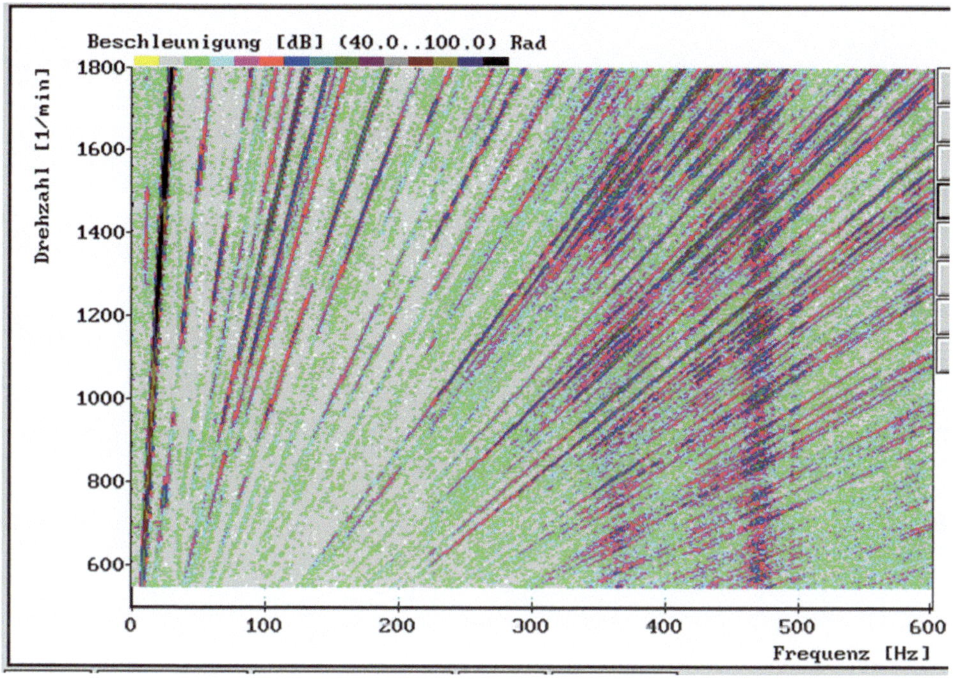

Abb. 4.18 Frequenzspektren mit sehr hoher Auflösung der radialen Schwingbeschleunigung als Funktion von der Drehzahl, feststehende Außenringe, fabrikneue Kugellager

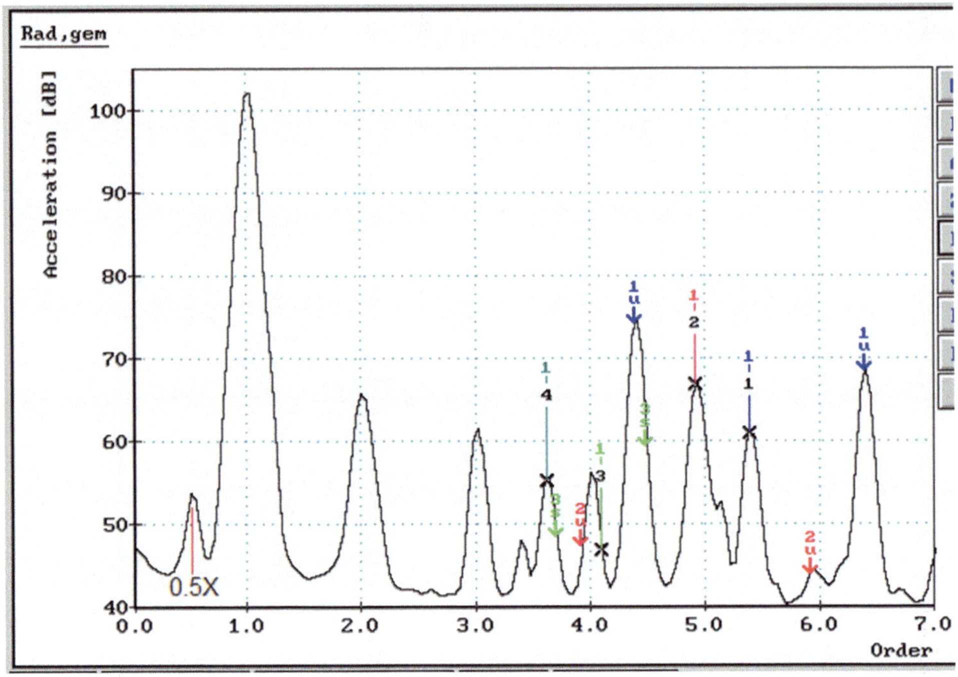

Abb. 4.19 Gemitteltes Ordnungsspektrum der radialen Schwingbeschleunigung, feststehende Außenringe, fabrikneue Kugellager, Markierungen gemäß Tab. 4.6

Abb. 4.20 Außenring des Kugellagers 6205 mit künstlicher Schädigung durch Anschleifen. Bitte ignorieren Sie die Anlauffarben an den Rändern des herausgeschnittenen Stücks

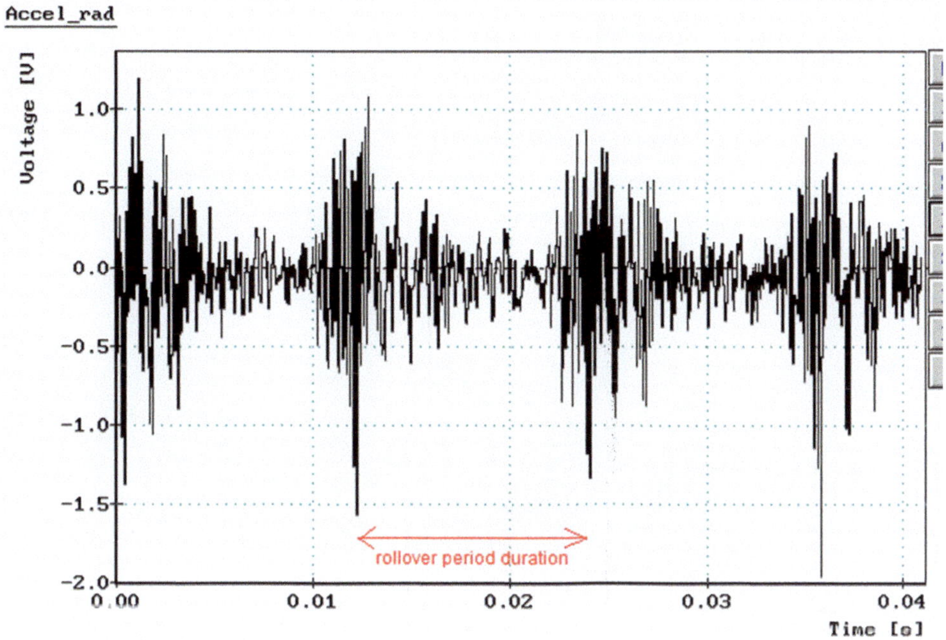

Abb. 4.21 Zeitsignal der radialen Beschleunigung, feststehende Außenringe, künstliche Schädigung am Außenring des Kugellagers 6205, n = 1414 rpm, Dauer einer Umdrehung des Innenrings = 0,042 s

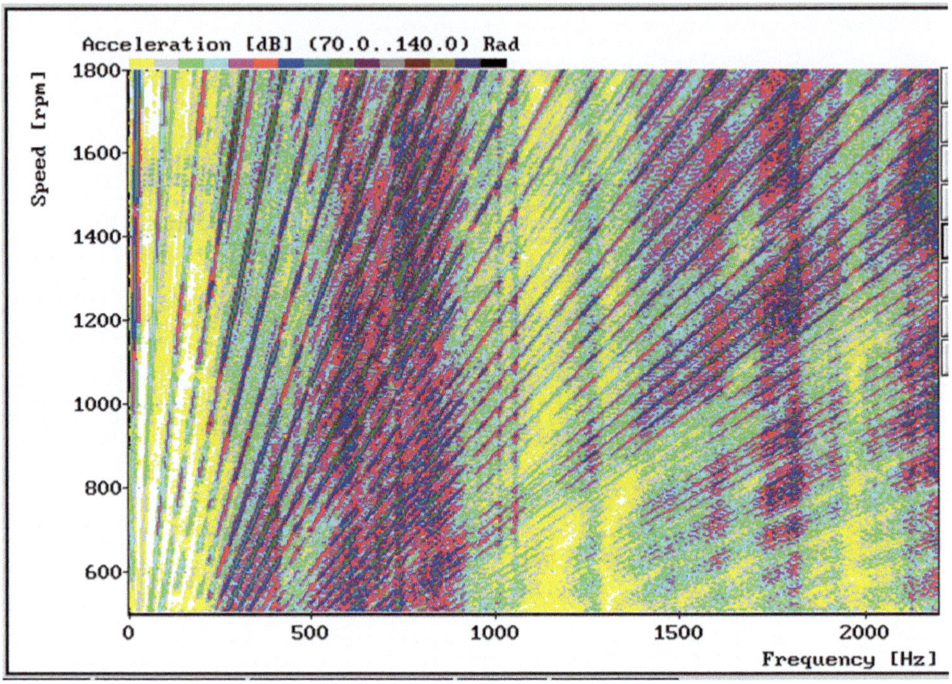

Abb. 4.22 Frequenzspektren der radialen Schwingbeschleunigung als Funktion von der Drehzahl, feststehende Außenringe, künstliche Schädigung am Außenring des Kugellagers 6205, bitte beachten Sie die 20dB höheren Pegel

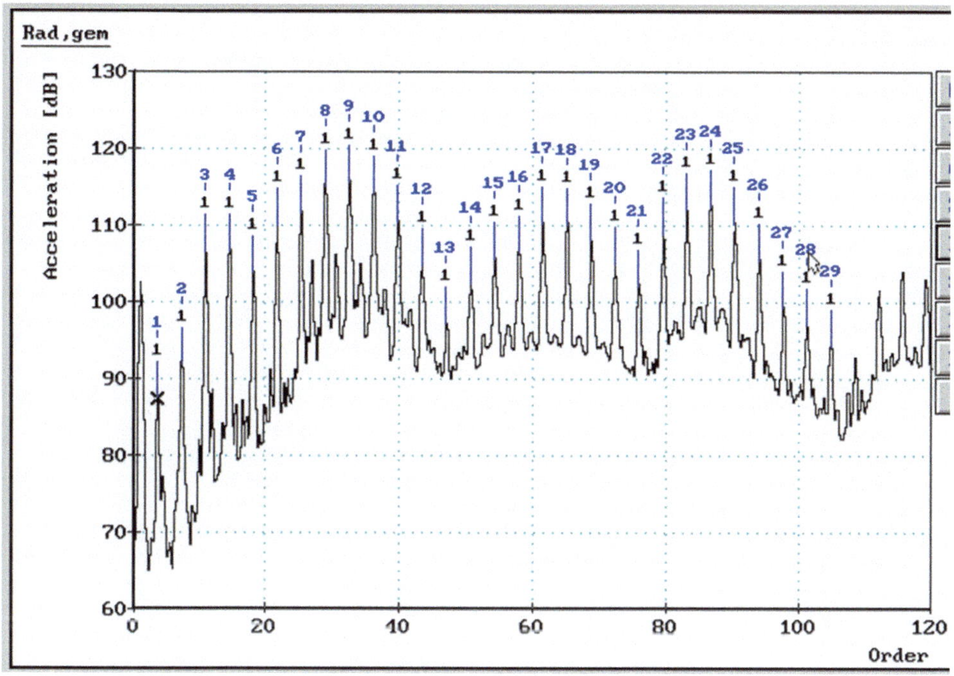

Abb. 4.23 Gemitteltes Ordnungsspektrum der radialen Schwingbeschleunigung, feststehende Außenringe, künstliche Schädigung am Außenring des Kugellagers 6205, markiert ist das Außenring-Muster (3,6086X)

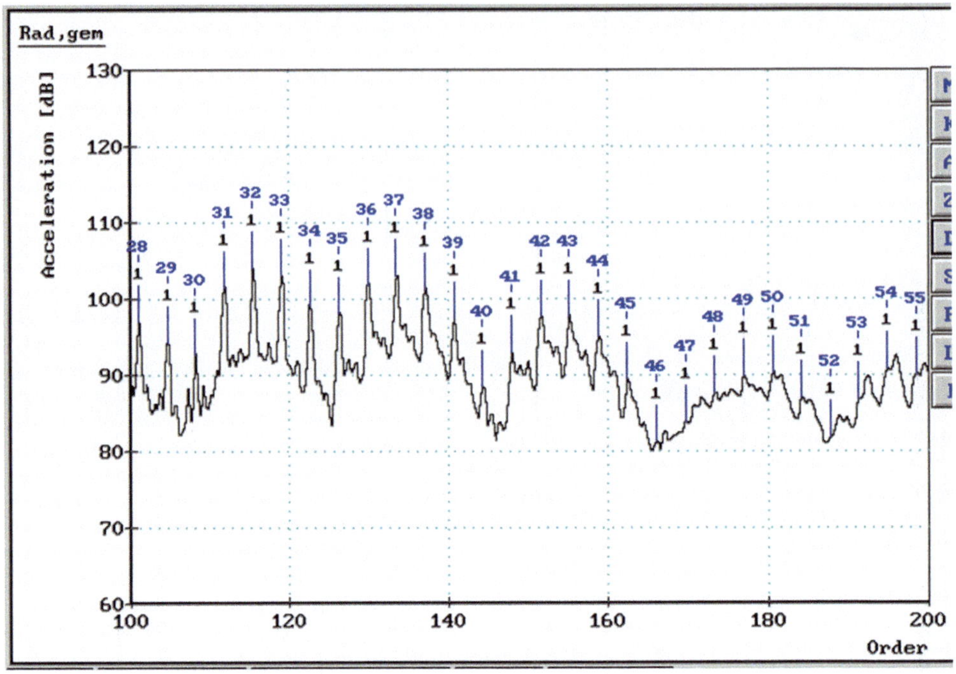

Abb. 4.24 Gemitteltes Ordnungsspektrum der radialen Schwingbeschleunigung, feststehende Außenringe, künstliche Schädigung am Außenring des Kugellagers 6205, markiert ist das Außenring-Muster (3,6086X), mittlerer Ordnungsbereich

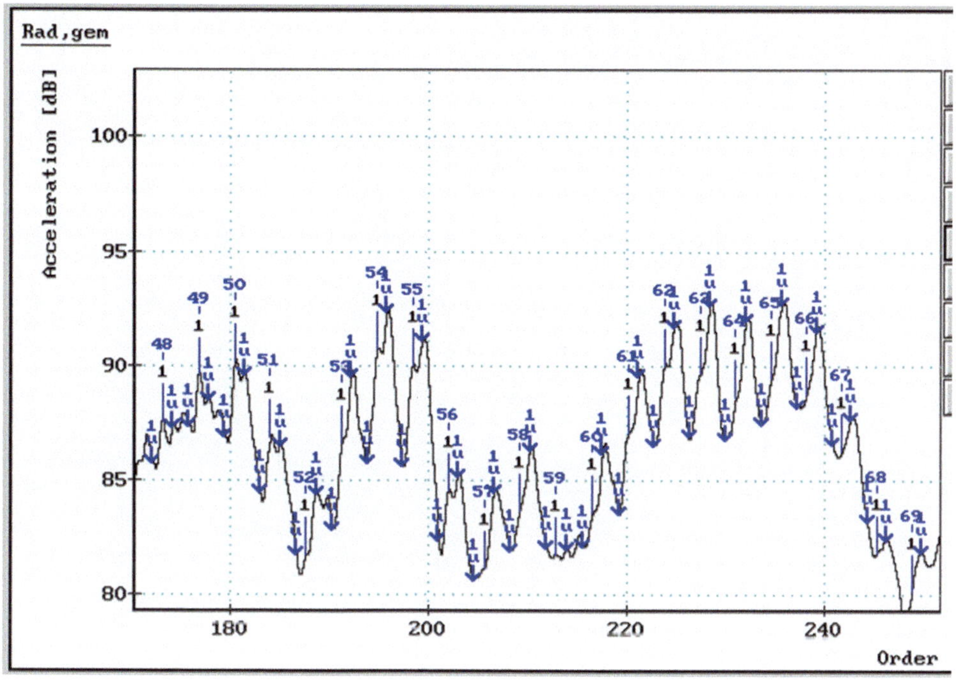

Abb. 4.25 Gemitteltes Ordnungsspektrum der radialen Schwingbeschleunigung, feststehende Außenringe, künstliche Schädigung am Außenring des Kugellagers 6205, markiert ist das Außenring-Muster mit Seitenbändern (3,6086X ± 1), oberer Ordnungsbereich

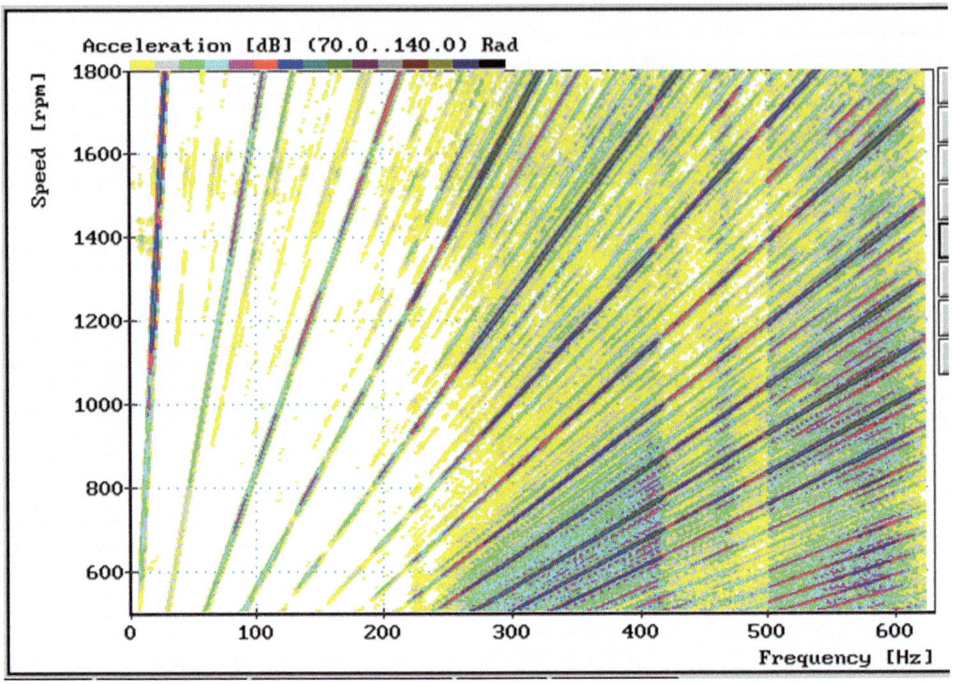

Abb. 4.26 Frequenzspektren der radialen Schwingbeschleunigung als Funktion von der Drehzahl, feststehende Außenringe, künstliche Schädigung am Außenring des Kugellagers 6205, hohe Frequenzauflösung

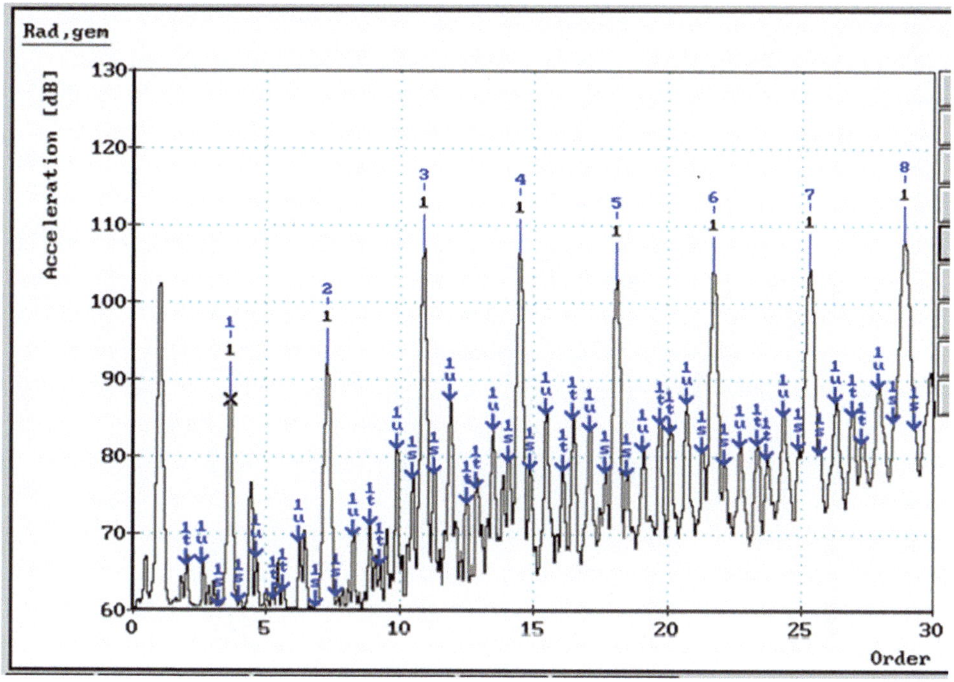

Abb. 4.27 Gemitteltes Ordnungsspektrum mit hoher Auflösung der radialen Schwingbeschleunigung, feststehende Außenringe, künstliche Schädigung am Außenring des Kugellagers 6205, markiert ist das Außenring-Muster mit Seitenbändern (3,6086X; s = ±0,4; t = ±1,6; u = ±1)

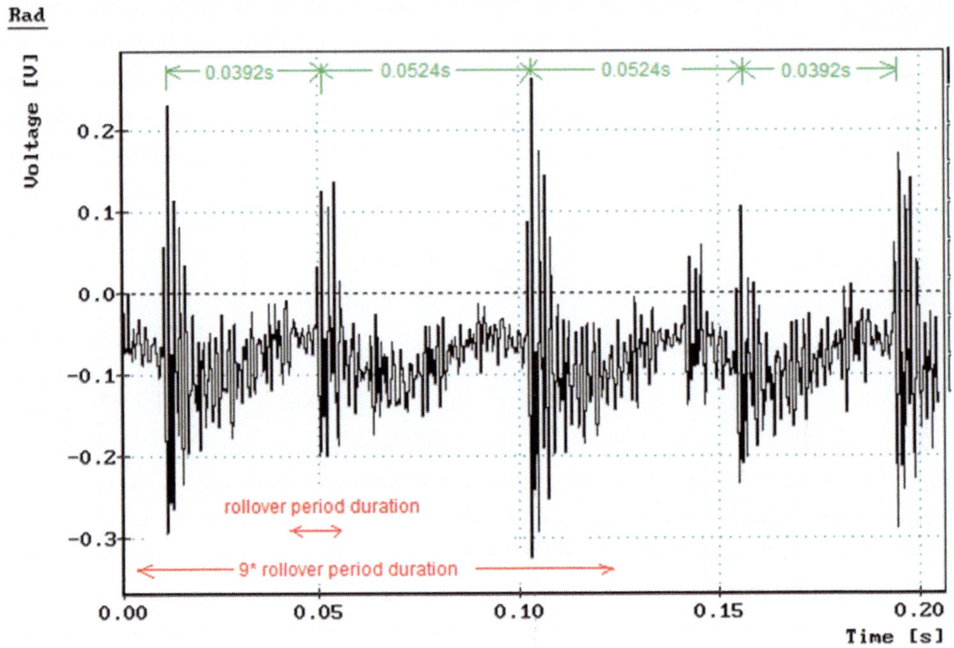

Abb. 4.28 Zeitsignal der radialen Beschleunigung, feststehende Innenringe, künstliche Schädigung am Außenring des Kugellagers 6205, n = 1271 rpm, Dauer einer Umdrehung des Innenrings = 0,047 s. Bitte ignorieren Sie den Offset des Signals

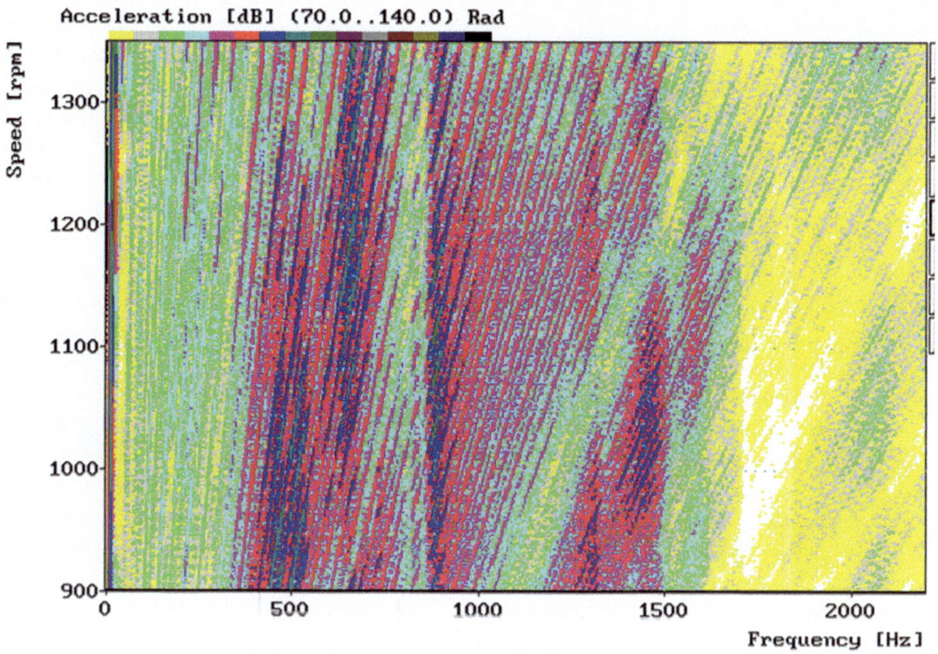

Abb. 4.29 Frequenzspektren der radialen Schwingbeschleunigung als Funktion von der Drehzahl, feststehende Innenringe, künstliche Schädigung am Außenring des Kugellagers 6205

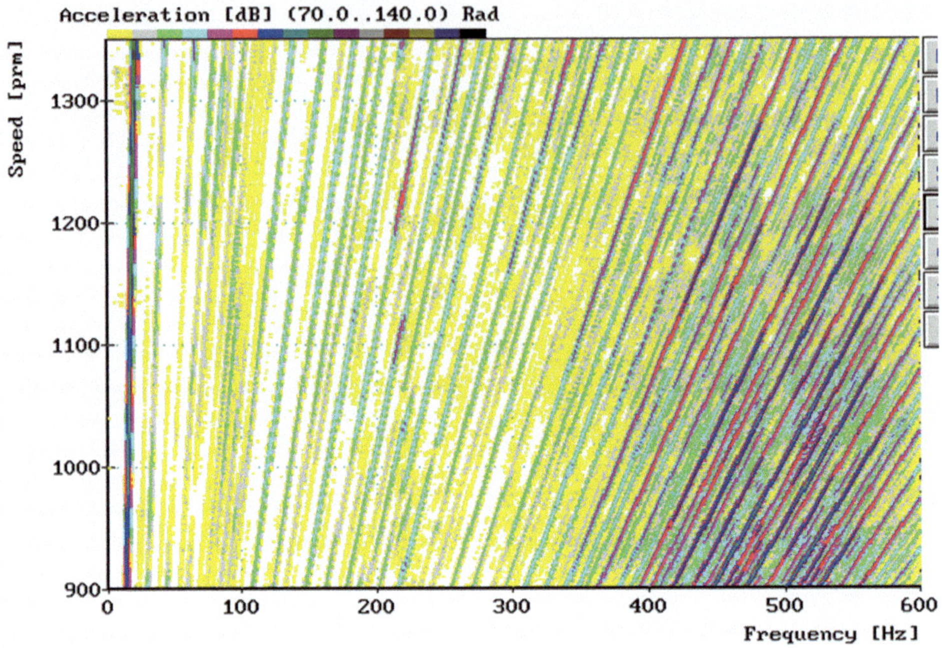

Abb. 4.30 Frequenzspektren der radialen Schwingbeschleunigung als Funktion von der Drehzahl, feststehende Innenringe, künstliche Schädigung am Außenring des Kugellagers 6205, hohe Frequenzauflösung

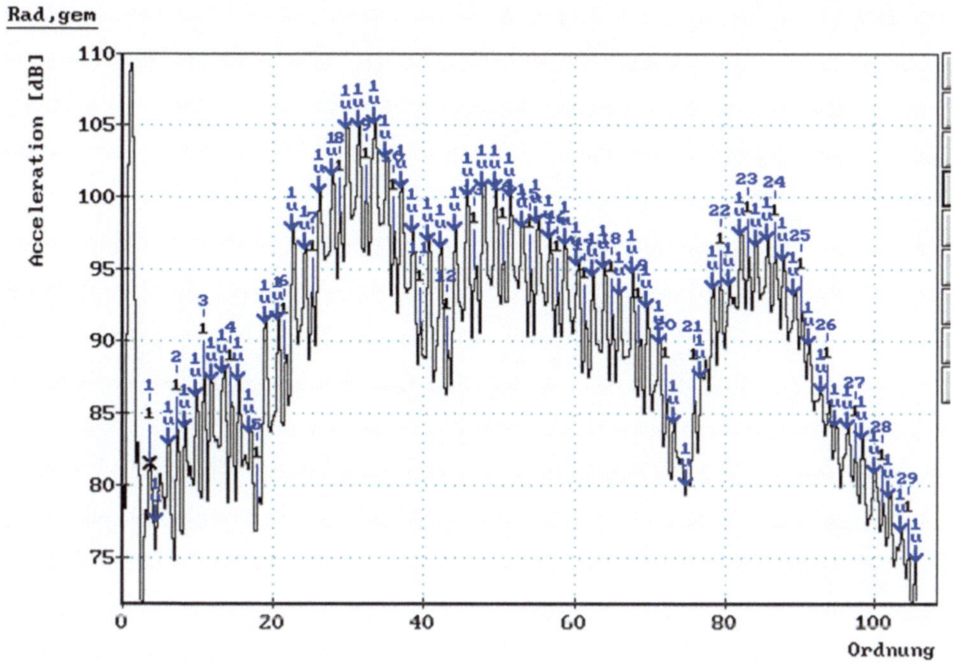

Abb. 4.31 Gemitteltes Ordnungsspektrum der radialen Schwingbeschleunigung, feststehende Innenringe, künstliche Schädigung am Außenring des Kugellagers 6205, markiert ist das Außenring-Muster (3,6054X ± 1)

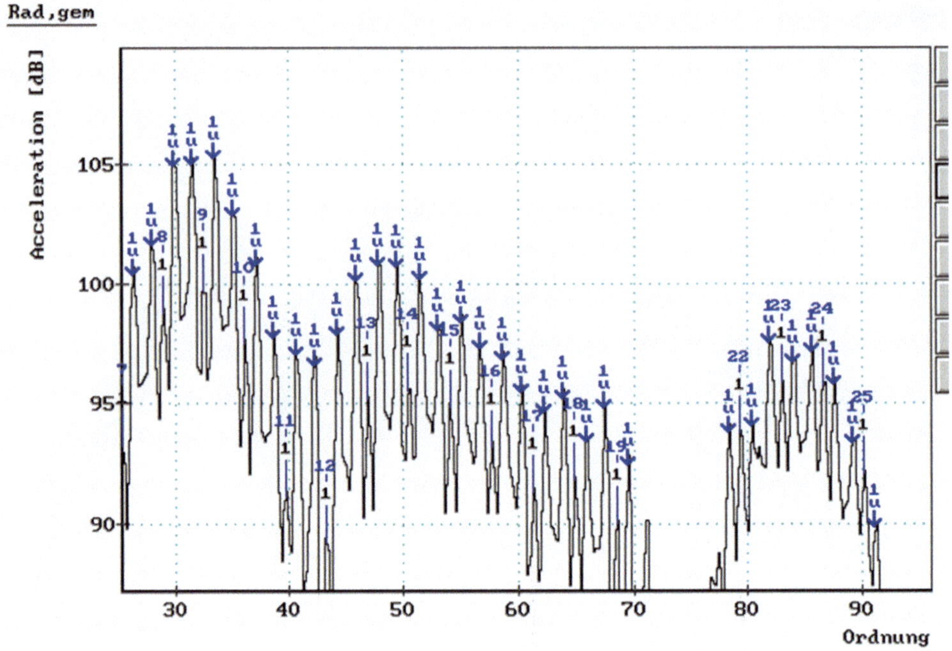

Abb. 4.32 Gemitteltes Ordnungsspektrum der radialen Schwingbeschleunigung im mittleren Ordnungsbereich, Ausschnitt aus Abb. 4.31, feststehende Innenringe, künstliche Schädigung am Außenring des Kugellagers 6205, markiert ist das Außenring-Muster (3,6054X ± 1)

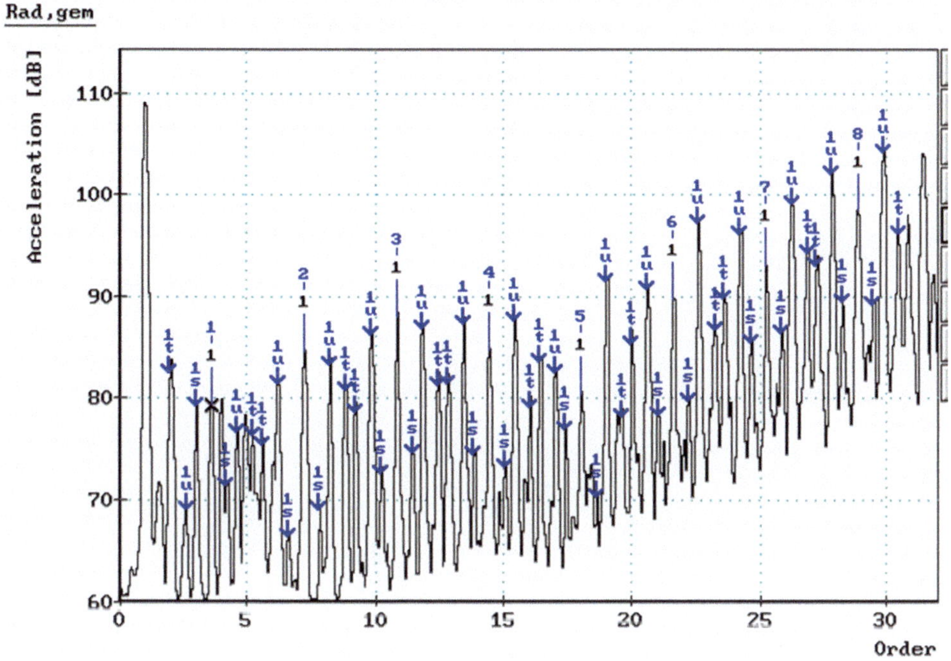

Abb. 4.33 Gemitteltes Ordnungsspektrum mit hoher Auflösung der radialen Schwingbeschleunigung, feststehende Innenringe, künstliche Schädigung am Außenring des Kugellagers 6205, markiert ist das Außenring-Muster (3,6086X; u = ±1) mit zusätzlichen Seitenbändern (s = ±0,4; t = ±1,6)

MIX
Papier aus verantwortungsvollen Quellen
Paper from responsible sources
FSC® C105338

If you have any concerns about our products,
you can contact us on
ProductSafety@springernature.com

In case Publisher is established outside the EU,
the EU authorized representative is:
Springer Nature Customer Service Center GmbH
Europaplatz 3, 69115 Heidelberg, Germany

Printed by Libri Plureos GmbH
in Hamburg, Germany